江苏历史名人家训选编

中共江苏省委宣传部 编著

江苏省培育和践行
社会主义核心价值观
系列读本 家庭读本

江苏人民出版社

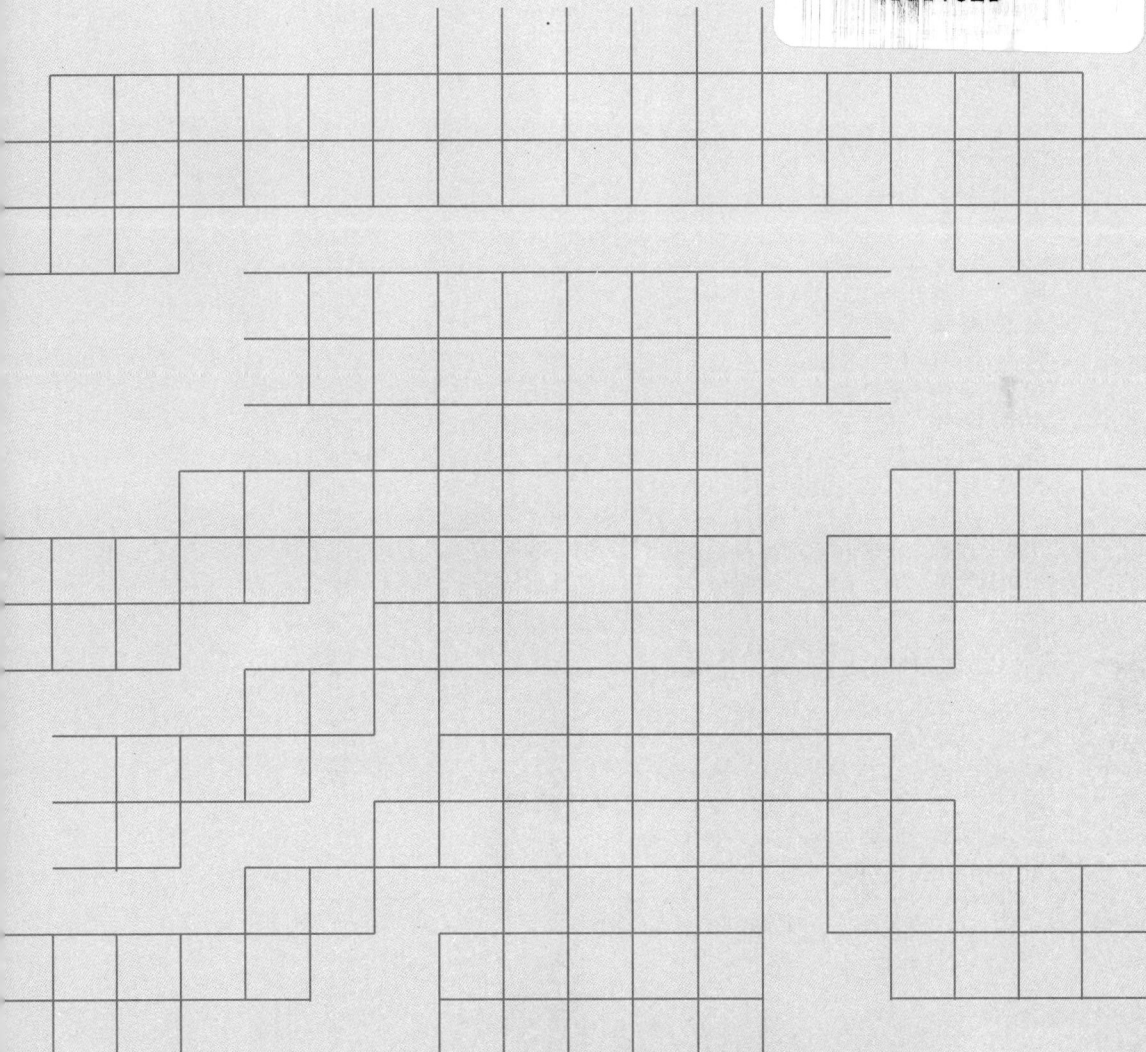

图书在版编目（CIP）数据

江苏历史名人家训选编 / 中共江苏省委宣传部编著

. -- 南京：江苏人民出版社，2016.2

（江苏省培育和践行社会主义核心价值观系列读本·家庭读本 / 王燕文主编）

ISBN 978-7-214-17369-0

Ⅰ.①江… Ⅱ.①中… Ⅲ.①名人 – 家庭道德 – 江苏省 – 通俗读物 Ⅳ.①B823.1-49

中国版本图书馆CIP数据核字（2016）第035034号

书　　　名	江苏历史名人家训选编	
	江苏省培育和践行社会主义核心价值观系列读本·家庭读本	
编　　　著	中共江苏省委宣传部	
责 任 编 辑	戴亦梁　王　溪	
责 任 校 对	陈　颖	
插　　　画	窦肖康	
封 面 设 计	曲仕直	
版 式 设 计	师　悦	
出 版 发 行	凤凰出版传媒股份有限公司	
	江苏人民出版社	
出版社地址	南京市湖南路1号A楼，邮编：210009	
出版社网址	http://www.jspph.com	
经　　　销	凤凰出版传媒股份有限公司	
照　　　排	江苏凤凰制版有限公司	
印　　　刷	江苏凤凰新华印务有限公司	
开　　　本	718毫米×1000毫米　1/16	
印　　　张	18.25	
字　　　数	202千字	
版　　　次	2016年4月第1版　2016年4月第1次印刷	
标 准 书 号	ISBN 978-7-214-17369-0	
定　　　价	58.00元	

（江苏人民出版社图书凡印装错误可向承印厂调换）

让价值力量激荡建设新江苏"精气神"

罗志军

人无精神不立，国无精神不强。党的十八大提出的以"三个倡导"为基本内容的社会主义核心价值观，是13亿多中国人价值观的"最大公约数"，是凝聚和引领人们团结奋进的一面精神旗帜。

培育和践行社会主义核心价值观，是党中央的一项重大战略部署。习近平总书记强调要"坚守我们的价值体系，坚守我们的核心价值观"，"把培育和弘扬社会主义核心价值观作为凝魂聚气、强基固本的基础工程，作为一项根本任务，切实抓紧抓好"。总书记在江苏调研时指出，做好各项工作，必须有强大的价值引导力、文化凝聚力、精神推动力。大力培育和践行社会主义核心价值观是加强文化建设的主心骨。这些新要求新论断，为我们协调推进"四个全面"战略布局，奋力建设经济强、百姓富、环境美、社会文明程度高的新江苏指明了方向，提供了强大精神动力。

建设新江苏，要始终坚守前进方向。实现中华民族伟大复兴是中华民族近代以来最伟大的梦想。实现这一梦想，要坚持走中国道路，弘扬中国精神，凝聚中国力量。社会主义核心价值观，为走好中国道路确定价值坐标，为弘扬中国精神提供价值导向，为凝聚中国力量找到价值旨归。得其大者方能兼其小。党中央要求江苏"为全国发展探路"，探的就是中国特色社会主义道路，就是协调推进"四个全面"战略布局的崭新实践，就是谱写好"中国梦"的江苏篇章。这样的思想自觉和行动自觉，源于对中国特色社会主义的道路自信、理论自信、制度自信，源于对社会主义核心价值观的思想认同、文化认同、情感认同。建设新江苏，要把培育和践行社会主义核心价值观纳入实现"两个率先"奋斗目标的重要内容，广泛宣传教育，广泛探索实践，不仅注重壮大经济上的硬实力，同时注重增强文化上的软实力、精神上的支撑力，努力构筑思想文化高地，满足干部群众价值追求，引领我们的发展进步始终走在中国特色社会主义的"人间正道"上。

建设新江苏，要始终坚守理想信念。高洁的理想信念是精神家园之本。价值观最深层的内核是信仰信念，社会主义核心价值观彰显了理想信念的根本价值内蕴，也为深耕厚培理想信念找到了现实落点。理想信念坚贞不渝，精神支柱就能坚如磐石。今天，我们所处的社会环境发生了巨大变化，社会思想多元多样多变，崇高理想容易被现实利益所遮蔽。江苏处于改革开放前沿，各种社会思潮在此交汇交锋，对信仰信念牢记还是淡忘、坚守还是迷茫，成为检验干部群众的"试金石"。建设新江苏，就要牢固树立我们的价值观立场，以坚定信仰筑牢"压舱石"，补足精神之"钙"、炼就金刚不坏之身，不为任何风险所惧、不被任何干扰所惑，培植守望信仰、笃行理想的共有精神家园。

建设新江苏，要始终坚守正义良知。正义是人类良知的声音，良知是守卫正义的堡垒。社会主义核心价值观，汲取世界文明的发展精华，承载中华民族的精神基因，体现一个社会评判是非曲直的标准，为社会文明进步确立基本价值规范，是扶正祛邪、激浊扬清的一把利剑，是驱散道德迷雾、医治道德病痛的一剂良药。江苏大地富有崇德向善的深厚历史传统，具备"好人"辈出的肥沃土壤，各条战线、各个领域涌现出的道德典型灿若繁星，为人们所津津乐道的凡人善举不胜枚举，点亮了广袤的道德星空，散发出见贤思齐的价值光芒。建设新江苏，就要大力培育和集聚崇德向善正能量，让干部更清正、人民更和睦，让善良受褒扬、丑恶受唾弃，让全体人民在物质丰富的同时拥有更多精神上的获得感。只有越来越多的善行善举诠释核心价值观的真谛，才能越来越坚实地巩固全社会道德基础，塑造与人的现代化相匹配的"精气神"。

精神涵养不同于物质生产，贵在持之以恒，成在久久为功。对社会主义核心价值观的认同不会自发产生，需要长期教化、固本培元。《江苏省培育和践行社会主义核心价值观系列读本》的编撰出版，旨在入脑入心、知行合一，适逢其时，十分必要。我们要切实把培育和践行社会主义核心价值观融入贯穿于社会生活的方方面面，进一步推动实践养成，在落细落小落实上下功大，促进核心价值观在江苏大地真正落地生根、开花结果，推动7900万江苏人民矢志追求更加美好崇高的精神境界，让核心价值观成为引领人们砥砺奋进的精神火炬，为"迈上新台阶、建设新江苏"汇聚起磅礴澎湃的精神力量。

（作者为中共江苏省委书记）

凡 例

1. 收录范围。本书所选范围，主要是指历史籍贯为江苏的名人，兼及主要生活与工作在江苏境内的历史名人，如袁枚，虽出生在浙江，但在江苏为官、生活达五六十年，本书仍旧将他们收录其中。

2. 收录内容。本书主要收录的是名人名门家族家训，即家庭或家族长辈对全体家庭子女、家族成员进行训导或告诫而编撰形成的文字，也包含了一些为其家庭或家族视为家训的名人家书。

3. 编排顺序。本书共收录家训28篇，按照形成时间排序。

4. 篇目标题。由编者统一定为《×××家训（家书）》，未明确作者的家训，则依据姓氏定为《×氏家训》。

5. 正文体例。本书所选家训体例上分内容选粹、背景简介、延伸阅读、参考文献四个部分，其中内容选粹由原文、注释、译文三个部分组成，有些家训原文较长，本书则作节选。

由于时代和阶级的局限性，个别家训也存有不合时宜的内容，编者已进行了辨析和引导，希望广大读者在阅读过程中予以扬弃。

目 录

刘邦家训

壹 内容选粹

原文

‖ 手敕太子文① ‖

吾遭乱世，当秦禁学②，自喜，谓读书无益。洎践阼③以来，时方省书④，乃使人知作者之意。追思昔所行，多不是。

尧舜不以天下与子而与他人，此非为不惜天下，但子不中立耳。人有好牛马尚惜，况天下耶？吾以尔是元子⑤，早有立意，群臣咸称汝友四皓⑥，吾所不能致，而为汝来，为可任大事也。今定汝为嗣⑦。

吾生不学书，但读书问字而遂知耳。以此故不大工，然亦足自辞解⑧。今视汝书，犹不如吾。汝可勤学习，每上疏宜自书，勿使人也。

汝见萧、曹、张、陈⑨诸公侯，吾同时人，倍年于汝者，皆拜，并语于汝诸弟。

吾得疾遂困，以如意母子⑩相累，其余诸儿，皆自足立，哀此儿犹小也。

注释

① 手敕太子文：敕，皇帝的诏令。太子即汉惠帝刘盈，是刘邦与吕后之子。这篇文章是刘邦病危时写给刘盈的遗言。

② 禁学：秦始皇三十四年（前213），禁绝百家之学，烧《诗》、《书》、百家语，保留的只有医药、卜筮、种树之书。次年秦始皇派御史查究460多名攻击秦始皇的方士和儒生并将其坑死在咸阳。史称"焚书坑儒"。故云"当秦禁学"。

③ 洎（jì）践阼（zuò）：直到登上皇位。洎，及，到。践阼，即登基。

④ 省（xǐng）书：看书。省，察看。

⑤ 元子：嫡长子。

⑥ 四皓：皓，洁白。"四皓"指秦末汉初隐居商山的东园公、绮里季、夏黄公、甪（lù）里先生，因四人须眉皆白，故称商山四皓。

⑦ 嗣：继承者，即皇位继承人。

⑧ 辞解：指用言辞表达自己的意思。

⑨ 萧、曹、张、陈：指萧何、曹参、张良、陈平四位开国功臣。

⑩ 如意母子：如意，即刘如意，刘邦第三子，母亲是刘邦宠爱的戚夫人。刘邦非常喜欢这个儿子，屡次欲立其为太子，因大臣与吕后反对而作罢。刘邦临终前，害怕吕后谋害刘如意，所以希望刘盈好好善待这个弟弟。后来刘盈即位，其母吕后马上派人毒死了刘如意。

译文

我遭逢动乱不安的时代，正赶上秦始皇禁绝百家之学、焚书坑儒的时期，当时我很高兴，认为读书没有什么用处。自从登基以来，我才领悟到读书的重要性，于是让别人讲解，去弄明白作者的意思。回想以前的所作所为，实在是有很多不妥的地方。

尧舜帝不把天下传给自己的儿子，却禅让给别人，并不是他不珍视天下，而是因为他觉得儿子的素质不适合继承王位罢了。但凡品种良好的牛马，人们都很珍惜，何况是天下呢？你是我的嫡传长子，我早就有意确立你为我的皇位继承人。大臣们都称赞你能够与隐居商山的东园公、绮里季、夏黄公、甪里四位老先生交上朋友，我曾经有意邀请他们来我身边效力没有成功，今天他们却能为你而来，由此看来你可以担当重任。现在我确立你为我的皇位继承人。

我以前没有接受过专门的读书、习字训练，只不过在阅读和请教学问时略微知道一些而已。因此语句写得不太工整，但还算能够表达自己的意思。我现在看你写的文章，还不如我。你应当勤奋地学习，每次呈上的奏章，应该自己写，不要让别人代笔。

你见到萧何、曹参、张良、陈平以及和我同辈的公侯，岁数比你大的长者，都要依礼敬拜，并且将这些话告诉你的弟弟们。

我现在重病缠身，将如意母子托付给你照看，因为其他的儿子都足以自立了，我担心的是这个孩子太小了。

貳 背景简介

○ 刘邦

刘邦（前256—前195），字季，庙号太祖，谥号高皇帝，沛丰邑中阳里（今江苏丰县）人，汉朝开国皇帝，中国古代杰出的政治家。刘邦参与秦末的农民起义，与项羽共同推翻秦朝统治，后与项羽展开长达五年的楚汉战争，消灭项羽后建立汉朝政权。刘邦在位共12年，对中国的统一和强大作出了重要贡献。

刘邦性格豪爽，虽然早年不太喜欢读书，也不喜欢读书人，但有容人之量，招贤纳士，处事机敏。从《汉书·郦陆朱刘叔孙传》记载的陆贾对刘邦轻视读书人的反驳可见一斑。刘邦能够虚心听取正确意见，加之其意识到自身读书不多，在处理国家事务时常常感到吃力，由此对读书的重要性和重视读书人逐渐有了新的认识。这些深刻认识极大地丰富了刘邦的治国理政谋略和家训思想。刘邦的训诫标志着刘汉王朝对儒家文化的重视与文治武功并举的开始，为文景之治"路不拾遗，夜不闭户"和汉武帝"罢黜百家，独尊儒术"奠定了思想基础，也使得汉朝"兴太学，以养天下之士"的文化教育大发展以及多位贤能帝王的出现成为可能。

刘邦作为封建帝王，由于时代与身份所限，他的不少家训观点都带有一定的历史局限性。但总体而言，《手敕太子文》一文蕴涵着中国传统家庭教育思想的合理成分，对于家庭教育有着一定的借鉴意义。主要体现为：希望孩子勤奋读书，成为有真才实学之人；希望孩子尊重长者成为有教养之人；期待孩子勤勉做事，成为有能力之人等。此外，刘邦作为家长能不断反思自己的不足，让子女引以为戒，也是一种值得提倡的家庭教育方式。

《手敕太子文》一文是刘邦写给太子刘盈的，希望其能够在读书、为人、治事等方面深刻领会其训导的精神要旨。此时，刘邦虽重病缠身，却文思敏捷，通篇言辞恳切，期许之情溢于言表，饱含一位君主对国家的长治久安、兴旺发达的期许。

叁 延伸阅读

《手敕太子文》是刘邦教育太子刘盈的家训，所言皆为读书明理、为人治事、尊老敬贤的道理。虽寥寥300个字，内涵却较为丰富，言辞真切感人。

训子为学

刘邦不太喜欢小时候的刘盈，曾经想废除刘盈这个太子。但《手敕太子文》全文却未见一句训斥话语，亦无威胁、命令之语，反而尽显刘邦对儿子极力包容、期许和赞美之词，反思自己年轻时不爱读书、不重知识的言行，勇于承认错误，可谓用心良苦。刘邦列举历史事例，结合个人切身体验，循循善诱，寄予厚望，将本该是君臣之别、天子之尊的铁律和箴言演化为父传子的家训。

○ 刘盈

在家庭教育过程中，父母容易产生恨铁不成钢的情绪，对子女动辄打骂。这样的教育方式其实是一种鲁莽和无奈的表现，结果只能激化父母与子女之间的对立情绪，促使子女滋生逆反心理，子女表面看起来畏惧而内心却不服气。常言道，育人是慢功夫，不可能速成，也不可以粗糙和莽撞，而应该动之以情，晓之以理，让子女在明辨是非的基础上自觉激发其内在动力，使子女既感受到父母的极大包容，又体悟父母望子成龙、望女成凤的心意，并深刻感受到父母真切的关爱之情。

| 勇于认错

刘邦能深刻反省和承认自己秉持读书无用的谬论及鄙薄读书人的错误，并结合自己的亲身经历和深刻教训，列举尧舜禅让皇位的事例，教育太子刘盈勇于担当重任。刘邦教育刘盈的为人治事观，不仅值得为人父母者在家庭教育中效仿，同样值得为人师长和身居官位者在修身处世的过程中引以为鉴。刘邦用自身事例说明，在错误面前，人人都没有权威和脸面，不管官位多高、辈分多长、学识多深、资格多老，只有敢于认错、改错才能赢得世人景仰。正如孔子的学生子贡所说，君子犯错误就像日食、月食一样，人人都会看得见，能改掉过错，人人都会敬仰。

事实上，一个人能够主动认错很困难，向那些地位低于自己、能力弱于自己的人认错更加困难。然而，认错是服从真理的表现，是理性的举动，不肯认错则是藐视真理，是自负、自满、恐惧情绪作祟的表现。刘邦能以上对下、尊对卑、父对子的身份毫无掩饰地反省自

○ 刘邦教子

己，大胆认错，这种举动非常难能可贵，这是刘邦的高明之处，也因此史能让臣子们敬佩和信服他。

敬重贤良

任人唯贤、勤政亲政、礼贤下士等为官举贤之道，是刘邦能够安邦定国的制胜法宝。

刘邦在《手敕太子文》中以浓重笔墨列举尧舜禅让天下的历史事例，以此暗喻他虽然曾经想改立太子，那是因为太子刘盈还不够贤能，然而最终仍确定由刘盈继承皇位，又是因为刘盈已经具备担当重任的贤能条件，实际上刘邦是在强调必须任人唯贤的深刻道理。因为刘邦深知要想长治天下需要贤良有才能的人，于是教育太子刘盈特别重视举贤荐能，礼贤下士。

"亲贤臣，远小人"也是汉朝日渐兴盛的主要原因之一。刘邦语重心长地特别嘱托太子刘盈要善待和敬重那些开国的贤能功臣们，要求太子刘盈见到萧何、曹参、张良、陈平及与刘邦同辈的公侯，以及岁数比刘盈大的长者，都要依照礼节敬拜。刘邦还以身作则，教育自己的儿子要勤于政事，在处理国家政务上一定要事必躬亲，不能懈怠。

《手敕太子文》不仅深刻体现了刘邦家训的经典内容，同样体现了其家庭教育的诸类方法，包括说服教育、慈爱教育、赏识教育和示范教育等。文中言语至真至诚，话语间流淌着舐犊深情，饱含作为丈夫、父亲对爱妻和孩子放心不下的深情厚意，洋溢着道不尽的挂念与依依不舍的人间真情。

肆 参考文献

[1]（清）严可均辑，任雪芳审订. 全汉文［M］. 北京：商务印书馆，1999：5.

[2] 张烈. 汉书注译［M］. 海南：南方出版社，1997：2249.

[3] 翟博主编. 中国人的教育智慧（经典家训版）［M］. 北京：教育科学出版社，2007：93.

[4] 霍知节.《手敕太子文》和《遗诏敕后主》的比较及其家庭教育意义［J］.《阴山学刊》2015，28（2）：59—63.

[5] 孟庆华，赵彭城. 江苏文史资料第134辑 刘邦评论［M］. 南京：《江苏文史资料》编辑部，2000：318.

（执笔：葛 敏）

刘向家训

壹 内容选粹

原文

诫子歆书[①]

告歆无忽[②]：若[③]未有异德，蒙恩甚厚，将何以报？董生[④]有云："吊者在门[⑤]，贺者在闾[⑥]。"言有忧则恐惧敬事，敬事则必有善功而福至也。又曰："贺者在门，吊者在闾。"言受福则骄奢，骄奢则祸至，故吊随而来。齐顷公之始，藉霸者[⑦]之余威，轻侮诸侯，亏跂蹇之容，故被鞍之祸[⑧]，遁服[⑨]而亡[⑩]，所谓"贺者在门，吊者在闾"也。兵败师破，人皆吊之，恐惧自新，百姓爱之，诸侯皆归其所夺邑，所谓"吊者在门，贺者在闾"也。今若年少，得黄门侍郎，要显处也。新拜[⑪]皆谢，贵人叩头，谨战战栗栗，乃可必免。

注释

① 诫子歆书：歆，即刘歆，刘向的小儿子。刘歆少年得志，这是他任黄门侍郎时刘向写给他的告诫信。

② 无忽：不要疏忽大意。

③ 若：你。

④ 董生：即董仲舒（前179—前104），西汉哲学家，今文经学大师。著有《春秋繁露》、《董子文集》。

⑤ 门：单独的家门。

⑥ 闾：里巷的大门。古代25家为一闾，就是现在的巷。

⑦ 霸者：指齐桓公（？—前643），春秋时齐国第15位国君。齐桓公任用管仲进行改革，国力富强。以"尊王攘夷"相号召，大会诸侯，订立盟约，成为春秋五霸之首。

⑧ 亏跛蹇之容，故被鞍之祸：齐顷公六年（前593）春天，晋国派遣大臣郤克出使齐国。郤克本就略显驼背，走路一偏一拐，受到齐顷公母亲的嘲笑和齐国侮辱性的接待。郤克怀恨在心，两次率军伐齐，在鞍地（今济南西北）大败齐顷公，齐顷公侥幸逃脱。齐顷公后来励精图治，赈济孤儿，慰问病人，把积蓄拿出来救济民众，终于使百姓信服，诸侯不敢侵犯。被，遭受。

⑨ 遁服：换掉衣服。

⑩ 亡：逃跑。

⑪ 新拜：旧时用一定的礼节授予官职。

| 译文

歆儿你不要忘了：你并没有超乎常人的德行，而蒙受皇上深厚的恩泽，将拿什么来报答呢？董仲舒说过："虽然吊丧的人来到自己家门口，贺喜的人可能就在巷口了。"这是说人心存忧虑就会心怀恐惧，小心谨慎地从事本职工作，这样就会有好的功德，而福祥就会随之而至。董仲舒又说："虽然贺喜的人来到自己家门口，但是吊丧的人可能已经到巷口了。"这是说享福容易使人骄傲、奢侈，而由此招来灾祸，所以吊丧的人随之而来了。春秋时期，齐顷公即位之初，凭借他祖父齐桓公的余威，轻视侮辱诸侯国，嘲笑使者郤克跛脚，所以，后来遭受鞍之战的灾祸，大败后只好偷偷地换掉衣服才得以逃脱。这就是所说的"贺喜的人来到家门，吊丧的人就要到里门"的意思。齐顷公兵败师破后，人们都去慰问他，他诚惶诚恐，改过自新，得到了百姓的爱戴，诸侯也都把所夺得的城邑归还了齐国。这就是所说的"吊丧的人到了家门，贺喜的人就会到里门"的意思。现在你还年龄不大，就做了黄门侍郎，侍奉皇帝左右，传达诏令，这是显要的职位。刚任职的官员都要向地位显要的人叩头道谢。你定要小心谨慎、战战兢兢地处处用心办事，才能免除灾祸呀。

贰 背景简介

刘向（前77—前6），字子政，原名更生，彭城（今江苏徐州）人，西汉后期重要的目录学家、思想家、经学家、文学家。他的一生经历了昭帝、宣帝、元帝和成帝四个朝代，历任郎中给事黄门、散

○ 刘向

骑谏大夫、中郎、光禄大夫等职。由于当时宦官专权、外戚干政，刘向虽心忧国事，却苦于不能有所作为。他的主要成就在于校定和整理了大量古籍。他编撰了《新序》、《说苑》、《列女传》、《洪范五行传论》等，借历史故事评论时政、劝谏皇帝，提出和谐有序的政治理想，强调为君当行德政、修文、尊贤等，其中充满了民本的思想。先秦至汉大量的文献能够流传至今，刘向功不可没。

刘向是汉高祖少弟楚元王刘交的四世孙，刘交的特别之处在于他是高祖兄弟中唯一的文人，尊崇儒家文化。高祖对儒学表现出来的敬意，与刘交的劝诫有很大的关系。受家族影响，通晓儒学，刘向成为西汉学界泰斗。刘向的三个儿子都学有所成，长子刘伋做了郡守，次子刘赐是九卿丞。小儿子刘歆最出名，少承

○ 刘交

父学，对六艺、诸子、诗赋、数术、方技无所不究，是西汉末年古文经学派的开创者、目录学家、天文学家。

《诫子歆书》是刘向在儿子刘歆任黄门侍郎时，写给儿子的谆谆劝诫。其中渗透着福祸相依的哲学思想，语重心长地讲述了"福中有祸，祸里藏福"、"谦受益，满招损"的道理，提醒刘歆恭谨处事，戒骄戒躁。这篇《诫子歆书》引经据典，结合事例，生动机智而又深刻，充满了一位父亲对孩子深沉而睿智的爱。

叁 延伸阅读

刘向博学多才，通晓儒学。他所提倡的"敬慎"，即既敬且慎，"敬"是儒家伦理思想的重要概念，是指在人与人交往中要尊重对方、保持谦和。并且，这种行为还要内化于心，形成一种诚恳、谨慎的待人接物的态度，这就是我们所说的"敬慎"的修养。同时，刘向还注意结合事例、引经据典对孩子进行教育，使劝诫更有说服力。

敬慎谦逊

刘向给孩子命名多是取自孔子的弟子名，希望自己的孩子能像孔子的七十二贤弟子一样有所作为：长子刘伋取自孔子之孙子思的名，次子刘赐取自子贡的名，只有小儿子的名字是取自《诗经·大雅·生民》中的"履帝武敏歆"，"歆"是"感动"、"惊异"的意思，刘向希望刘歆能够成为人中俊杰。孔子曾经说过，君子有九思：视思明，听思聪，色思温，貌思恭，言思忠，事思敬，疑思问，忿思难，见得思义。刘向在《诫子歆书》中也要求刘歆色思温、貌思恭、言思忠、事思敬和忿思难。在与同僚共事时，应当考虑脸色是否温和、态度是否庄重恭敬、说话是否忠诚老实、做事是否认真谨慎、发怒时是否会预见到后患。即使居于黄门侍郎这样显要的职位，也不能恃宠而骄，生出傲慢之态，否则离失败也就不远了。尤其是面对宦官专权、外戚干政这样的政局，每走一步都是很艰难的，只有谨慎用心地办事，学会谦虚，做事考虑周全，才能免除祸患。

这对于今天的为人父母者也同样有借鉴意义，如在孩子工作后家长应该教给孩子，与同事相处中，应该学会谦虚，这是为人处事应具有的基本准则；做事要考虑周全，不能凭一时冲动，不顾后果。

| 引经据典

在教育方法上，刘向的《诫子歆书》结合历史事例，生动机智而又有说服力。这就告诉我们家长在教育孩子的过程中要注意方法，不能直接告诉孩子应该怎么做，强迫孩子接受自己的观点，而应引用公认的道理或原则作为论据，包括名人名言、古诗名句，或者是反映科学规律的俗话、谚语、警句、格言等，来说明自己的观点，这样可以把问题分析得更透彻，把道理论述得更充分，孩子也会更容易接受。

刘向告诫孩子要谦虚谨慎，并用引经据典的教育方法娓娓道来。他的目光看得很远，告诉孩子要修身避祸，这是官场的生存哲学。而趋福避祸的过程就是行善去恶的过程，所以鼓励孩子平时要注意行善积德，这样"福"便会随之降临。

肆 参考文献

［1］谢谦编著.国学基本知识现代诠释词典［M］.成都：四川人民出版社，1998：27—28.

［2］徐兴无.刘向评传［M］.南京：南京大学出版社，2005：28—39.

［3］（唐）欧阳询撰，汪绍楹校.艺文类聚·卷二十三［M］.上海：上海古籍出版社，1965：422.

［4］翟博主编.中国人的教育智慧（经典家训版）［M］.北京：教育科学出版社，2007：239—240.

［5］翟博主编.中国家训经典［M］.海口：海南出版社，1993：24—26.

［6］（西汉）刘向.刘向说苑［M］.北京：学苑音像出版社，2005：（卷十）93.

（执笔：陈惠惠）

刘义隆家训

壹 内容选粹

原文

‖诫江夏王义恭书①（节选）‖

汝以弱冠便亲方任。天下艰难，家国事重。虽曰守成，实亦未易。隆替②安危，在吾曹③耳。岂可不感寻王业，大惧负荷④。今既分张，言集未日⑤，无由复得动相规诲。宜深自砥砺，思而后行，开布诚心，厝怀⑥平当。亲礼国士，友接佳流，识别贤愚，鉴察邪正，然后能尽君子之心，收小人之力。

接待宾侣，勿使留滞。判急务讫⑦，然后可入问讯，既睹颜色，审起居，便应即出，不须久停，以废庶事⑧也。

凡事皆应慎密，亦宜豫敕⑨左右，人有至诚，所陈不可漏泄，以负忠信之款⑩也。古人言："君不密则失臣，臣不密则失身。"或相谗构⑪，勿轻信受。每有此事，当善察之。

声乐嬉游，不宜令过；樗蒲⑫渔猎，一切勿为；供用奉身，皆有节度；奇服异器，不宜兴长。汝嫔侍左右，已有数人，既始至终。未可忽忽⑬，复有所纳。

注释

① 诫江夏王义恭：义恭，即刘义恭，宋武帝刘裕第五子，宋
  文帝刘义隆的弟弟，于元嘉元年（424）被封为江夏王。

② 隆替：兴隆与衰亡。替，衰落。

③ 吾曹：我辈。

④ 大惧负荷：有所惊恐而感到责任重大。

⑤ 言集未日：团聚的日子不知在何日。

⑥ 厝（cuò）怀：关心，在意。厝，放置。

⑦ 讫：完结，结束。

⑧ 庶事：众事，诸事。

⑨ 豫敕（chì）：预先告诫。

⑩ 款：诚恳。

⑪ 谗构：进谗言以设计陷害他人。

⑫ 樗蒲（chūpú）：古代博戏名，类似后代的掷色子。泛指
  赌博。

⑬ 忽忽：形容时间过得很快，此处指在短时间里。

译文

　　你刚刚成年就能够担任要职。天下的事是很艰难的，家国的事
又是极其重要的。虽是每日守护祖业，但也不是很容易的。兴隆或衰
亡、安全或危险，取决于我们兄弟啊！怎么能不感触思量帝王创业的
艰难，意识到责任重大而提高警觉呢？现在你我虽天各一方，相见无

期，再也不可能时时去规劝教诲你。你应该磨砺自己，凡事思考之后再行动。对人要敞开赤诚之心，注意公平允当。礼贤下士，友好地接纳能人佳士，学会识别愚人与贤人，观察并鉴别出邪恶与刚正，然后才能使君子为你尽心，使小人为你出力。

接待宾客，不要让客人等太久。把紧急的事务办完后，就应去问讯来客。见面问候过他们，就可以离开，不要长时间停留，以免误了其他事。

所做的事都要慎重保密，也应该预先告诫左右的人要保密。如果有人诚恳地来报告事件，他所陈述的事，决不要泄漏出去，以免辜负他忠诚信义的心意。古人说过："君王说话不谨慎则失信于臣子，臣子说话不谨慎灾祸则会殃及自身。"有的人互进谗言以设计陷害他人，不要轻易相信和接受这样的人。每当有这类事的时候，就要善于考察真伪。

声色之乐、游玩嬉戏，不要过度；赌博和巧取豪夺，切不可为；维持生活的用度要有节制；奇装异服、珍宝玩器，不可提倡和增加。你的嫔妃、侍从已经有好多人了，从现在起，不能再轻易接纳了。

贰 背景简介

刘义隆（407—453），南北朝时期南宋王朝宋文帝，庙号太祖，祖居彭城（今江苏徐州），后流寓京口（今江苏镇江）。刘义隆承继其父宋武帝刘裕勤政节俭、求贤若渴的治国之策，即位之后就平定了叛乱，稳定了中央政权。在南朝160年的历史更迭中，宋文帝刘义隆在位30年，是宋齐两朝在位时间最长的皇帝。在位期间，宋文帝注意整顿吏治，派遣使者巡视四方，考核各地州县官吏；重视农业生产，劝课农桑，遇到严重灾害之年常减免赋税；兴建学校，宣扬儒术。在他的统治下，刘宋政权日益稳固，经济逐步发展。这段时期是刘宋最为兴盛安定的时期，历史上有"元嘉之治"的美称。

○ 刘义隆画像

刘义隆尤其重视文学，在文学史上首次以朝廷命令的形式把文学从儒学、哲学和史学当中独立出来，使之取得"合法"地位，这对文学的独立发展有很大贡献。刘义隆本身也博学能文，著有文集十卷，今存诗作三篇，《宋书》称其"博涉经史，善隶书"。

刘义隆受家族教育观念的影响，十分重视其家族子弟的教育。这篇《诫江夏王义恭书》是一篇帝王家训。江夏王刘义恭是宋文帝刘义隆的兄弟，自小聪颖过人，长相清秀，因父亲刘裕特别钟爱他，导致骄奢无度，所以刘义隆对其苦心劝诫。这封家书虽然简短，但内容丰富，涉及德行修养、为政之道和日常生活等方面，言辞恳切，入情入理。

叁 延伸阅读

刘义隆继承父亲刘裕的大业，兢兢业业治国，渴望以父亲为楷模，完成父亲未完成的大业，立志北伐收复中原，统一全国。但他看到弟弟刘义恭骄奢无度，便苦心劝诫刘义恭节俭守业，不要沉溺于声色，挥霍时间和金钱。虽然刘义隆对其弟多有劝诫，但仍多方满足其需求，言行不一是所有帝王家训的历史局限性。

| 勤俭守业

刘义隆的父亲刘裕素以节俭著称，穿着朴素、住宅简易，基本不设宴席，身边的嫔妃侍从也很少，连公主的陪嫁也不超过20万钱。《宋书》里说刘裕的马车上没有任何珠宝作为装饰，后宫也没有纨绮丝竹之音。有一次，岭南地区献给刘裕一种入筒细布，这种布料极为轻薄，一块八丈长的布卷入小竹筒尚有余地，但是入筒细布产量很少，为布匹中的精品，非金银不能购得。宋武帝认为入筒细布要耗费太多人力，是奢靡品，就下令禁止岭南再生产入筒细布。刘义隆继承了父亲力倡节俭的传统，也经常劝诫自己的子弟不要贪恋声色犬马。宋文帝元嘉二十二年（445）九月，衡阳王刘义季出任州府长官，刘义隆在武帐冈设宴为他送行，他事先对子弟们说，先不要吃饭，到了会所再设宴。但是天色渐晚，到日暮的时候食物还没有送到会所，子弟们个个都面露饥色。刘义隆对子弟们说，你们年少，生活也十分优裕，不知道老百姓的疾苦，今天让你们知道什么叫饥饿，老百姓有很多人都食不果腹，你们经过饥饿的体验以后才会知道节俭。守业是很艰难的，我们要想守住祖宗留给我们的大业，就必须勤俭啊！

| 礼贤下士

刘义隆时常下诏招揽贤才、嘉奖师儒，对待文人颇为重视和优待。如谢灵运本是依附于刘义隆的政治竞争对手、刘裕的另一子庐陵王刘义真，但宋文帝刘义隆十分看重他的文才，在诛杀了徐羡之、傅亮之后，不计前嫌，召见谢灵运，并且任用他为秘书监。再如，元嘉文坛的另一大家颜延之的文才也被宋文帝看重，即使当颜延之因为犯事而被迫闭门思过之时，宋文帝也仍然命令他撰写《袁皇后哀册文》。又如，宋文帝知道范晔善于弹琵琶，很想听他演奏一曲，多次暗示，但范晔却假装不知，不肯主动为宋文帝弹奏，宋文帝并没有记仇。在一次宴会上，宋文帝不惜放下皇帝的尊威，直白地对范晔说："我欲歌，卿可弹。"范晔这才演奏了一曲。宋文帝对文士的优待一方面是出于他对文学的爱好，另一方面是他宽仁的性格和礼贤下士的品格使然。因此他在这篇《诫江夏王义恭书》中强调，对人要敞开赤诚之心，胸怀要开阔，要礼贤下士，招贤纳士；还要学会识别愚人与贤人，观察并鉴别出忠臣和佞臣。

"历览前贤国与家，成由勤俭败由奢"，这句格言警句充分地道出了勤俭的重要性，治国需要勤政节俭，才能继往开来。同时，治国需要人才，这需要执政者礼贤下士。刘义隆将为君之道非常重要的两方面——廉政和用人——都告诉了弟弟刘义恭，可谓审时度势，用心良苦。

肆 参考文献

［1］马良春，李福田总主编.中国文学大辞典·第四卷［M］.天津：天津人民出版社，1991：2172.

［2］（梁）沈约.宋书［M］.北京：中华书局，1974：（卷三）12，（卷五）13.

［3］翟博主编.中国家训经典［M］.海口：海南出版社，1993：90—92.

［4］马秋帆主编.魏晋南北朝教育论著选［M］.北京：人民教育出版社，1988：212—214.

［5］成林，程章灿.南朝文化·上［M］.南京：南京出版社，2005：3.

［6］逯钦立辑校.先秦汉魏晋南北朝诗·中［M］.北京：中华书局，1983：1136—1137.

［7］古代汉语词典（缩印本）第二版［M］北京：商务印书馆，2014.

［8］李宗侗，夏德义等校注.资治通鉴今注（七）·卷一百一十九至卷一百三十八［M］.台北：台湾"商务印书馆"，2011：19.

（执笔：陈惠惠）

萧纲家训

壹 内容选粹

原文

‖ 诫当阳公大心①书 ‖

汝年时尚幼，所阙者学。可久可大，其惟学欤！所以孔丘言："吾终日不食，终夜不寝，以思，无益，不如学也"。若使墙面而立②，沐猴而冠③，吾所不取。立身之道，与文章异，立身先须谨重，文章且须放荡④。

注释

① 大心：字仁恕，萧纲第二子，以皇孙被封为当阳县公，后封浔阳王。为侯景手下大将任约所害。

② 墙面而立：面对墙壁站立。比喻无所事事或不学不如面向墙壁一无所见。

③ 沐猴而冠：沐猴即猕猴。猕猴戴帽子，比喻虚有其表。指学习中应学实在，不能光学皮毛。

④ 放荡：不受拘束，放恣任性。指文章思路活跃，不拘常理。

｜译文

你年龄还小，所缺的是学习。对我们一生影响深远的，就是学习吧！孔丘说："我曾经整天不吃，整夜不睡，去冥思苦想，却没有什么好处，还不如去学习哩。"人不学习，如同面对墙壁站立，一无所见，又如猕猴戴着帽子，虚有其表，这是我所不赞同的。做人的道理与写文章不同，做人先要谨慎持重，写文章却必须不受约束，放开思路。

贰 背景简介

○ 萧纲

南朝梁简文帝萧纲（503—551），字世绩，南兰陵（今江苏武进）人，梁武帝萧衍第三子，昭明太子萧统同母弟，南北朝时期梁朝皇帝，文学家。他7岁就出宫做官，7至11岁在京城建康（今江苏南京）及其附近做官，先后出任南徐州刺史、雍州刺史、扬州刺史。由于长兄萧统早死，萧纲在中大通三年（531）被立为太子。太清三年（549），南朝梁将领侯景起兵叛乱，梁武帝被囚饿死，萧纲在南京即位。大宝二年（551）萧纲为侯景所害，在位仅仅两年。

萧纲子女众多，长子萧大器于简文帝即位后被立为皇太子，为人宽和，有器度，且端正聪慧。次子萧大心幼而聪朗，善属文。五子萧大连，少俊爽，能属文，举止风流，雅有巧思，妙达音乐，兼善丹青。侯景之乱中，萧纲子女的下场都较为悲惨，但他们皆精通文墨，爱好读书，并且都是有骨气之人。

本文节选的是梁简文帝萧纲写给次子萧大心的家书。萧纲在其中不仅指导儿子如何学习、为文，更对其儿子的为人立身之道提出了自己的看法。后人解读这段文字往往重视其所传达出的为文之道，却忽略了其背后的为人立身之道。萧纲对于子女的告诫，对于后世之人亦有借鉴意义。

叁 延伸阅读

自古以来，无论是帝王还是平民百姓，都极为关注对子女的教育。梁简文帝萧纲自幼爱好文学，6岁能属文，7岁有"诗癖"，是一位早慧的文学少年。他倡导文学史上著名的宫体文学，形成风尚，在文学史上的影响不止一个时代。作为一个父亲，最大的乐趣就在于，在其有生之年，能够根据自己走过的路来启发教育子女。所以萧纲对子女的学习、为人之道也极为重视。《诚当阳公大心书》是萧纲写给儿子萧大心的家书，文字虽然短小，却有着极为丰富的内涵，对于当今社会亦有着极为重要的启迪价值。

学而为本

首先，萧纲在信中借助孔子之言指出了学习的重要性。他认为，对于一个人来说，能够终身有用的东西就是学习。尽管岁月流逝，但萧纲的这一观点却对后世之人有着极为深刻的借鉴意义。著名作家王蒙说："一个人的实力绝大部分来自学习。本领需要学习，机智与灵活反应也需要学习，健康的身心同样是学习的结果，学习可以增智、可以解惑、可以辨是非。"春秋时期著名乐师师旷曾劝学晋平公："少而好学，如日出之阳；壮而好学，如日中之光；老而好学，如秉烛之明。秉烛之明，孰与昧行乎。"社会发展到今天，对国民素质的要求越来越高，学习更是能够影响一个人的一生。当今世界，科学技术突飞猛进，社会发展日新月异，知识更新节奏加快，本领恐慌处处显现。这启示我们，一个人如果不学新知识就跟不上新形势，思想就要落后退化；不探索未知，精神就要窒息。只有学习新知，探索未知，才能提高人的现代素质和能力，成为与时俱进的现代人。

其次，萧纲阐明了学习的本质。学习不能够浮于表面，更不是用来装点门面的，学习应该是用来修身立德的。纵观当今社会，有多少沽名钓誉之辈借助自己微薄的认知而行冠冕堂皇之事。"立身以立学为先"，早在北宋年间，大文学家欧阳修就提出这样的观点。他强调，修养品行要从学习开始。因为学习能够帮助我们树立良好的人生观、世界观，从而让自己走在正直的人生道路上。同时，学习还给了我们一面能够时刻看清自己的镜子，让我们能够不断认识自我，得到校正的机会，正如老子所言："知人者智，自知者明"。

再次，萧纲对子女为文写作方面作出了指导。他指出，为文不需要受到任何拘束，可以放开身心去创作。萧纲作为宫体诗的倡导者，他所创作的诗作正秉持了其"文章且须放荡"的创作理念。就其诗作内容而言，主要是以宫廷生活为描写对象，在情调上伤于轻艳，风格上比较柔靡舒缓。其诗作中甚至有少数作品表现了宫中放荡的生活，实为无拘无束之作。然而就艺术形式而言，宫体诗仍有贡献。尽管萧纲所代表的宫体诗作并不是文学创作之主流，甚至为后世文学批评家所诟病，但不可否认的是他的诗作为后代诗人提供了足资借鉴的艺术经验。

| 为人当慎

本篇家训最为重要之处，是萧纲对子女在为人之道上的告诫。他认为立德修身需要谨慎自重。一个人立身于世，最为重要的不是学识、富贵，而是为人之道。要想做事，先学做人；只有学会做人，才能成就大事。为人之道，当须谨慎持重，自重者人恒重之。然而，谨慎为人，不是过分谨言慎行，更不是随波逐流、明哲保身，而应是一个人在自己的思想道德和行为方面保持谨慎持重之态。

萧纲对子女的告诫对其后人有着极为深刻的影响。萧纲长子萧大器，在他即位后被立为皇太子，从不对叛贼侯景屈服。在侯景要挟他的时候，左右心腹一起劝萧大器趁机逃离，萧大器痛哭流涕，不忍背君叛父。大宝二年（551），萧大器被侯景派人杀害，时年28岁。侯景的贼党到来时，萧大器刚刚在讲解《老子》，神色不变，举止如常，缓缓地说道："久知此事，嗟其晚耳。"萧纲十二子萧大雅在贼寇破城之后，仍然指挥手下抵抗。可以说，萧纲的孩子们尽管最后都遭遇被迫害的悲惨下场，但他们都能够坚守本心，不背信弃义，不为敌人所迫，可见萧纲对其子女在为人之道上的影响之深。

萧纲对于子女们的教诲尽管已经过去千年，然而其思想中的精华却延续至今。作为帝王，萧纲不能说成功，但作为父亲，萧纲不可谓失败。家庭是社会的细胞，而家庭教育是孩子成长中最为重要的一环。当父母引导孩子确立了良好的人生观与世界观时，子女们必定不会走上弯路。父母们应当根据自身经历的经验和教训，给予孩子们启发和教育。萧纲重视子女的学习之道、为人之道，也应为当今社会的父母们所借鉴学习。

（执笔：张金鑫）

颜之推家训

壹 内容选粹

原文

‖ 颜氏家训·序致第一（节选）‖

夫圣贤之书，教人诚孝，慎言检迹①，立身扬名，亦已备矣。

吾家风教，素为整密。昔在龆龀②，便蒙诱诲③。每从两兄，晓夕温清④，规行矩步，安辞定色，锵锵翼翼⑤，若朝严君焉。赐以优言，问所好尚，励短引长，莫不恳笃。

注释

① 检迹：检点行为。

② 龆龀（tiáochèn）：龆通"髫"。指儿童垂髫换牙之时，引申为幼年时代。

③ 诱诲：劝导教诲。

④ 温清（qìng）：冬天温被使暖，夏日扇席使凉。皆为古代侍奉父母之礼。

⑤ **锵锵翼翼**：形容走路的姿态恭敬有节。

▎译文

自古以来圣明贤德之士所撰写的书中，都教导人们要忠诚、孝顺，言语要慎重，行为要检点，以此建功立业，美名远扬，有关此方面的内容已经全面详细。

我们颜氏家族的家风和教化，一直以来都严整周密。我尚在幼年时期就接受到了教诲。我每次都会跟从两位兄长，早晚会按礼节向父母双亲请安侍奉，且行为举止都合乎礼仪规矩，神色安详，姿态恭敬，就仿佛是在朝拜威严的君王。父母也会勉励我们，询问我们的兴趣与志向，引导我们扬长避短，态度总是诚恳笃实。

○《颜氏家训》封面

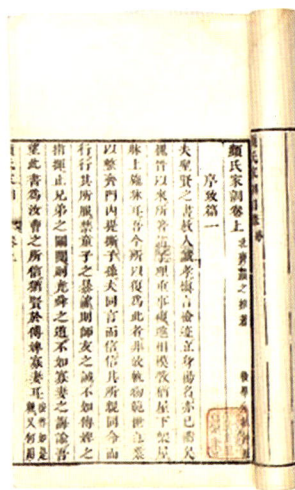

○《颜氏家训》内容

原文

‖颜氏家训·教子第二（节选）‖

古者，圣王有胎教之法：怀子三月，出居别宫，目不邪视^①，耳不妄听，音声^②滋味，以礼节之。

生子咳嗁^③，师保^④固明孝仁礼义，导习之矣。凡庶^⑤纵不能尔，当及婴稚，识人颜色，知人喜怒，便加教诲，使为则为，使止则止。比及数岁，可省笞罚。父母威严而有慈，则子女畏慎^⑥而生孝矣。

父子之严，不可以狎^⑦；骨肉之爱，不可以简^⑧。简则慈孝不接，狎则怠慢生焉。由命士^⑨以上，父子异宫，此不狎之道也；抑搔痒痛，悬衾箧枕^⑩，此不简之教也。

人之爱子，罕亦能均，自古及今，此弊多矣！贤俊者自可赏爱，顽鲁者亦当矜怜^⑪。有偏宠者，虽欲以厚之^⑫，更所以祸之。

注释

① 邪视：看不正当的事物。

② 音声：所听到的音乐。

③ 咳嗁（háití）：咳，孩子笑。嗁，孩子哭。通"孩提"，指孩子两三岁的时候。

④ 师保：官职名，专门负责教导贵族子弟。

⑤ 凡庶：平凡人，庶民。

⑥ 畏慎：敬畏且谨慎。

⑦ 狎：过度亲近而态度不庄重。

⑧ 简：简慢而没有礼数。

⑨ 命士：古时受过封爵的人，这里指有身份的人。

⑩ 悬衾（qīn）箧（qiè）枕：古代社会子女侍奉父母之礼。衾，被褥；箧，小箱子。

⑪ 矜怜：爱惜怜悯。

⑫ 厚之：厚待他。

▎译文

古代的君王都有实施胎教的方法：怀孕三个月时，就迁徙到别的宫殿居住，眼睛不能看不正当的事物，耳朵不能听不该听到的声音，所听到的音乐和所品尝到的食物都要受到礼法的节律制约。

孩子出生以后，在孩提时代，就会有专门的老师来教导他学习孝仁礼义，并且会指导他加以训练。平常人家纵然做不到这样，也应在孩子会识别神情喜怒的时候就对其加以教导，让他该做的就做，让他不该做的就不做。如果能做到这样，等到孩子大几岁的时候，便不需要打罚他了。

父子之间需要严肃相处，不能太过亲昵；骨肉至亲之间需要爱护，不能疏忽怠慢。怠慢了则做不到父慈子孝，过于亲昵了则滋生怠慢。自古有官职阶层以上的门户，父亲和子女需要分室居住，这是为了防止举止不庄重；子女为父母双亲抓挠痛痒的地方，整理被、枕寝具，则是教育子女不能怠慢父母的孝的方法。

人们爱护自己的孩子，很少有能够做到公正、均衡的。从古到今，这种偏宠所带来的弊端太多了！贤明俊秀的孩子自然是令人欣赏怜爱的，而顽皮愚笨的孩子也是应去怜悯爱惜的。偏爱宠溺孩子的父母，虽然是想要厚待孩子，但是却会为其招来祸患。

▮ 原文

▮▮ 颜氏家训·治家第五（节选）▮▮

夫风化①者，自上而行于下者也，自先而施于后者也。

孔子曰："奢则不孙②，俭则固③；与其不孙也，宁固。"又云："如有周公之才之美，使骄且吝，其余不足观也已。"然则可俭而不可吝已。俭者，省约为礼之谓也；吝者，穷急不恤之谓也。今有施则奢，俭则吝；如能施而不奢，俭而不吝，可矣。

借人典籍，皆须爱护，先有缺坏，就为补治，此亦士大夫百行之一也。

注释

① 风化：教育感化。

② 孙：通"逊"。谦逊，谦虚。

③ 固：鄙陋。

译文

教育感化的事务，都是从上面往下面推行，从前人延伸到后人的。

孔子说："奢侈会显得不谦逊，节俭则会显得鄙陋。与其显得不谦逊，不如显得鄙陋。"孔子又说："如果一个人真的具备周公那般的才能和美德，却又有骄傲和吝啬的缺点，其他优点就不值得关注了。"这样说来，人可以节俭，但是不可以吝啬。俭朴，就是节省简约而合乎礼节的意思；吝啬，就是对别人所遭遇的危急不加以体恤和关心。现今的人，愿意施舍的，却又奢侈；能够节俭的，却又吝啬。如果能够做到施舍却又不奢侈，节俭却又不吝啬，就可以了。

借别人的书籍，都应当爱惜和保护好。如果原先本就有缺页或损坏的，就应该帮助别人修补好。这也是士大夫所要做的百种善举里的一种。

原文

颜氏家训·慕贤第七（节选）

是以与善人居，如入芝兰之室，久而自芳也；与恶人居，如入鲍鱼之肆，久而自臭也。墨子悲于染丝①，是之谓矣。君子必慎交游焉。

用其言，弃其身，古人所耻。凡有一言一行，取于人者，皆显②称之，不可窃人之美，以为己力；虽轻虽贱者，必归功焉。

注释

① 墨子悲于染丝：取自墨子泣丝的典故。墨子看到人在染丝，感叹道："用青色染丝，丝就变成青色；用黄色染丝，丝就变成黄色。染料变了，丝色也随之而变；放入五种染料，丝就呈现五种颜色。所以对于染丝一事不可以不慎重啊！"不仅染丝如此，治国、治家、为人、处世也都如同染丝一样。

② 显：公开。

译文

和好人在一起，就像进入装有芝兰香草的房子，时间长了自会染上香气；和恶人在一起，就像进到了卖鲍鱼的店铺，时间长了自会染到臭气。墨子所悲叹的被染的丝，就是这个道理。君子结交友人时定要谨慎。

采用了某个人的言论，却又嫌弃此人，古人以这种行为为耻辱。凡是有一句话或者一件事情是从别人之处拿来的，都应该公开地称赞他，不可以窃取别人的优秀成果，作为自己的功劳。即使那个人地位轻微低下，也一定要归功于此人。

原文

颜氏家训·勉学第八（节选）

士大夫子弟，数岁已上，莫不被教，多者或至《礼》《传》，少者不失《诗》《论》。及至冠①婚，体性稍定；因此天机，倍须训诱。有志尚者，遂能磨砺，以就素业②；无履立者，自兹堕慢，便为凡人。

夫所以读书学问，本欲开心明目，利于行耳。……历兹以往，百行皆然。纵不能淳③，去泰④去甚。学之所知，施无不达。世人读书者，但能言之，不能行之，忠孝无闻，仁义不足；加以断一条讼，不必得其理；宰⑤千户县，不必理其民；问其造屋，不必知楣横而梲竖⑥也；问其为田，不必知稷早而黍迟也；吟啸谈谑，讽咏辞赋，事既优闲，材增迂诞⑦，军国经纶，略无施用，故为武人俗吏所共嗤诋，良由是乎！

夫学者所以求益耳。见人读数十卷书，便自高大，凌忽长者，轻慢同列……古之学者为己，以补不足也；今之学者为人，但能说之也。古之学者为人，行道以利世也；今之学者为己，修身以求进也。

人生小幼，精神专利⑧，长成已后，思虑散逸，固须早教，勿失机也。

注释

① 冠：古代男子20岁时行束发加冠之礼，以示成年。

② 素业：清修有为之业，即儒业。

③ 淳：纯正。

④ 去泰去甚：做事不能过分和极端，要适中。

⑤ 宰：治理，管理。

⑥ 楣横而梲（zhuō）竖：楣，房屋的横梁；梲，梁上的
短柱。

⑦ 迂诞：迂阔、荒诞。

⑧ 专利：专注集中。

译文

　　士大夫家的子女从几岁的时候开始就要接受教育，读书多的可以学到《礼记》、《春秋》三传，读书少的可以学到《诗经》、《论语》。等到成年，体质性情逐渐定型后，趁着这时候的天赋秉性，就应当加倍地训育引导。有志气的子弟，能够自我磨练砥砺，以此成就儒业；没有志气的子弟，就自甘堕落，便成为了平庸的人。

○ 教子图

　　人们之所以读书做学问，本是想启迪心智，拓宽视野，以利于行事的……自此推论，所有的品行都可以从书本中获取。纵使不能纯正完美，

也能避免走极端。通过学习所掌握的知识，到哪里都可以加以运用和通达。现在的读书人，只能说，不会做，忠孝仁义都做不好；让他去断案，不一定合情合理；让他管理千户的县城，不一定能治理好；让他去建房子，不一定知道楣要横着放而梲要竖着放；让他去种田，不一定知道稷要早种而黍要晚种；只知道唱歌、谈笑、戏谑、吟诗、作赋，既然要悠闲自得，那么才能就要逐渐荒废了，对于真正实用的治国军政毫无用处：所以读书人常受到俗吏武将的嘲讽和蔑视，确实是因为这些啊！

学习的目的是求取好处。只是我看到有些人读了几十卷书，就自高自大，不把长辈放在眼里，轻视同辈……古人学习是为了自己，用来弥补自己的不足；今天的人学习是为了别人，为了能说出来向人炫耀。古人学习是为了别人，施行自己的政道以利于国家和社会发展；今天的人学习是为了自己，提升修养以得到仕途的顺进。

人在幼小的时候，注意力集中，长大以后，精神容易涣散，所以一定要及早施教，不能错过良机。

原文

颜氏家训·涉务①第十一（节选）

士君子之处世，贵能有益于物耳，不徒高谈虚论，左琴右书，以费人君禄位也。

人性有长短，岂责②具美于六涂哉？但当皆晓指趣③，能守一职，便无愧耳。

注释

① 涉务：涉及实际，处理事务。

② 责：要求。

③ 指趣：同"旨趣"，要旨，宗旨。

译文

君子的处世之道，贵在做一些有益的事情，而不能仅仅是高谈阔论、弹琴看书，虚耗了国君所赐予的俸禄和官爵。

人的才能秉性有长有短，怎能苛求以上六个方面都要完美呢？只要明晓其中的要旨，能够做好其中的一种职务，就能无愧于世了。

原文

‖ 颜氏家训·省事第十二（节选）‖

谏诤①之徒，以正人君之失尔，必在得言之地，当尽匡赞②之规，不容苟免偷安，垂头塞耳。

君子当守道崇德，蓄价待时，爵禄不登，信由天命。

▎注释

① 谏诤：直言规劝，使人改正过错。
② 匡赞：匡正，辅佐。

▎译文

向君王进谏真言的人，是为了匡正君王的错误。必须站在能够发表言论的位置，尽到匡正和辅佐的职责，不能够为了苟且偷生而低头装聋。

君子应当遵守并推崇道德规范，积累自身的价值，并等候合适的机会，官爵和俸禄如不能晋升，实在是由天命决定的。

▎原文

▎▎颜氏家训·止足第十三（节选）▎▎

《礼》云："欲不可纵，志不可满。"宇宙可臻①其极，惟性不知其穷，唯在少欲知足，为立涯限②尔。先祖靖侯③戒子侄曰："汝家书生门户，世无富贵，自今仕宦不可过二千石④，婚姻勿贪势家。"吾终身服膺⑤，以为名言也。

天地鬼神之道，皆恶⑥满盈。谦虚冲损⑦，可以免害。人生衣趣⑧以覆寒露，食趣以塞饥乏耳。形骸之内，尚不得奢靡，己身之外，而欲穷骄泰邪？

注释

① 臻：至，到达。

② 涯限：边限，限度。

③ 靖侯：指颜之推九世祖颜含，晋成帝时因功被封为西平县侯，谥曰靖。

④ 二千石：古代郡守的俸禄为二千石。

⑤ 服膺：信奉，牢牢记在心里。

⑥ 恶：讨厌，厌恶。

⑦ 冲损：淡泊，谦让。

⑧ 趣：目的，取向。

译文

《礼记》上说："欲望不可以放纵，志不可满盈。"宇宙有可以到达的极限，但是人的懒惰却是没有尽头的。只有减少自己的欲望，知道满足，才能为自己树立一个界限。先祖靖侯曾对自己的子侄们告诫道："我们家是书香门第，世代不曾大富大贵。从现在起，你们做官的不能超过二千石，子女嫁娶也不能贪图找到有权有势的门户。"我终身信奉这些话，铭记在心，将其视为至理名言。

天地鬼神之道，都厌恶盈满。谦逊淡泊，懂得谦让，就能免除祸端。人的一生，穿衣服的目的是为了抵御寒冷，吃食物的目的是为了填饱肚子以防饥饿。形体之内，尚且不求奢侈，形体之外，还要穷奢极欲么？

贰 背景简介

颜之推（531—约590），字介，出生于建康（今江苏南京），南北朝至隋朝初期的著名思想家、文学家、教育家。颜之推自幼接受严慈相济的家庭教育，博览群书，通晓经史，精于礼传，才德俱佳。在战争纷乱的年代，他于南梁、北齐、北周、隋朝时代持续为官，并依靠自身的处世哲学度过了虽辗转却完满的人生。

颜氏家族祖籍琅邪临沂（今山东省临沂市），系孔子弟子颜回之后，后迁江南。颜之推祖父为南齐治书御史颜见远，父亲为南梁咨议参军颜协。作为名门望族，颜氏家族素有良好家传，家教严格有矩。颜之推更是将颜氏家族的独特风骨与高洁家风提炼成为系统的家训，即《颜氏家训》。此家训通文共七

○ 颜之推

卷20篇，凝聚了颜之推毕生的人生体悟，是我国古代家训文化的集大成者，也是我国家庭教育史上的里程碑式著作。在这部家训中，颜之推仿佛是在与自己的子孙后代温和地聊天，透过谆谆教诲向孩子们传授他对于修身、求学、治家、为官、处世的经验及思考。

《颜氏家训》为中国古代家庭教育活动的践行树立了典范，极具示范效应。颜氏家族深受家训的影响与熏陶，人才辈出，如注释《汉书》的颜师古、一代忠臣颜杲卿、书法大家颜真卿等。《颜氏家训》将此前历史上碎片状、非系统化的家教文化推向了成熟的高峰，将

"家训"塑造成为完整深入的教育思想体系，自此成为儒家文化的重要体裁。且《颜氏家训》为百姓们提供了齐家之道，父母们能够从中汲取到家庭教育的诸多养分，如提倡早期教育、强调学贵能行、主张身教重于言教、推崇勤俭谦逊、倡导民主公正等。

叁 延伸阅读

《颜氏家训》被誉为"古今家训，以此为祖"，是颜之推留给家族子弟和世人的宝贵精神财富。颜氏家族的子孙们在德行操守和治学才能等方面都有着卓越的表现。如唐朝的颜师古，为颜之推之孙，博览群书，遵循祖训，以文字训诂、校勘为长，注解《汉书》，精通经学；颜之推五世孙颜真卿经多年苦练，擅长行、楷，终创"颜体"楷书，雄秀浑厚，遒劲有力。可以说，《颜氏家训》对颜氏子孙的教育影响是极为深远的，效用显著，恩泽后世。而作为我国古代成熟家训的经典代表，这部全面系统的家庭教育著作体系宏大，内容丰富，为现代社会的父母们提供了家教智慧的源泉。父母是子女的第一任教师。父母只有通过正确有方的家庭教育向子女传递修身齐家、为人处世的理念与准则，才能培育出人格完善、德才兼备的合格公民。

及早施教

"少成若天性，习惯如自然。"颜之推指出，在孩子的幼年时代，父母就需要对其展开仁、义、礼、智、信的教诲，因为幼年是对其进行家庭教育的最有效时期。幼童尚未养成习性，可塑性最强，也最易信服长辈的话语，教育效果也最为理想。当下社会提倡胎教与早教，是符合颜氏倡导的教育传统的。胎教主要通过中枢神经系统和感觉器官来激发胎儿的智力潜能，为孩子的日后发展打下扎实基础。汉代学者刘向在《列女传》中阐述："故妊子之时必慎所感。感于善则善，感于恶则恶。人生而肖万物者，皆母感于物，故形音肖之。"而早教则是在幼儿时期及早给予孩子的家庭教育。现如今，市面上的很多胎教书籍、早教读本都为年轻父母们提供了家庭教育的早期方案。年轻父母们应当注意识别和遴选，从合法、正规的渠道学习有关儿童发育发展的知识，掌握家教实施的科学方法，从而做到把握好胎教、早教的科学尺度。因为家庭教育也需要遵循儿童心理发展规律，在及早干预和教化的同时，注意刚柔并济，张弛有度，尊重孩子的个性倾向和喜好志向，这样才能够帮助子女成长为有益于社会的人。

▎循礼遵规

颜氏家族的门风家教一贯严格而又周全。父母在严格要求自身、关爱保护子女的同时，坚持不懈地教导子女懂礼法、守规矩。俗语说，不以规矩不能成方圆。如果一个家庭不能守礼、守矩、守法，便会导致人之不成为人，家之不成为家，国亦不成为国。颜之推所讲述的忠诚、孝顺、谨慎、检点，即是对个体立足于社会所需要的品质作出的最为简明且全面的提炼，是传统家庭教育的基本立足点。在层级社会中，个体需要忠诚于自己的事业和上层的指导；在和谐家庭中，子女需要孝敬、赡养自己的父母双亲。而在社会交往中，个体要学会为人处世，首先就应当管好自己的口，说话须慎重，须顾及他人的内心感受与周围的社会环境；行为举止则要检点守矩，必须学会适度约束自我，行动合乎礼仪规范，不可随性随意地放纵自己。

身教垂范

父母在教育子女遵守道德礼仪的过程中，身教重于言教。有一则寓言讲的是螃蟹妈妈和螃蟹孩子的故事：在一个月光明亮的夜晚，小螃蟹和妈妈在沙滩上散步。忽然间，螃蟹妈妈惊叫了起来："哎呀，我的孩子，你怎么能横着走路呢？会被大家笑话的呀！走路的时候一定要挺直了走才好看呀！"于是，螃蟹妈妈开始教育小螃蟹，要挺直身子往前走，可是，它自己却仍然一直摇摆着身体往前爬行。小螃蟹看到以后，总是觉得找不到动力，说："妈妈，你示范示范好么？我会向您学习的！"螃蟹妈妈一边回答"很简单"，一边开始走。但是无论螃蟹妈妈怎么做，自己也仍然还是横着走，最终只能气馁地放弃。小螃蟹也仍然是和妈妈一样，横着身子往前爬。

这则寓言一来教导父母对孩子的期望和要求要在孩子的能力范围以内，不可过度；二来则是教导父母在实施家庭教育的过程中，身教重于言教，要能够率先垂范，能够成为孩子模仿和学习的楷模，从而生成有效、高效的教育动力。颜之推指明，教化活动应当自上而下、自前至后地推行，就有此意味。父母做到，前人做到，才能要求子女做到，后辈做到。现代社会节奏较快，很多父母虽然知道要将孩子培养成健康、积极的个体，却苦于精力、时间有限。并且，父母对待孩子的耐心也会随着生活的繁杂和时间的流逝而逐渐消磨，从而让自己不受控制、不合礼仪规矩的情绪、言辞、行为影响到孩子的成长。环

○ 教子图

境会作用于个体，并会塑造个体，家庭教育尤其要重视这一点。父母在家庭中的言行举止必能潜移默化地作用于子女，引导子女学会长久地内省、克制自己的言行举止，遵循礼法规则，从而成为品行端正的人。春风化雨，润物无声。为了孩子的成长，父母应该注重检讨和约束自己的情绪与行为，给予孩子正能量，为子女树立能够模仿与学习的榜样，从而推动孩子形成对世界、对社会、对人生、对他者、对自我的正确理解。

寓德于教

在家庭教育活动中，有哪些方面的内容是值得父母特别注意的呢？《颜氏家训》内容丰富，颜子推对子孙的道德教育亦指向多方位素养与能力的培育。

1. 诚信正直

中华民族乃礼仪之邦，礼仪道德是家庭教育内容的重要组成部分。颜之推重诚信，倡正直，告诫子孙后代要注意道德规范的习得和践行。例如，无论是一个个体，还是一个家庭，抑或是整个国家，诚实待人，诚信处世，是最基本的立身之道。社会主义核心价值观也将"诚信"列入其中，认为"诚"与"信"是社会主义的伦理规范与道德标准。待人处世务必要诚实、守信。"君子一言，驷马难追"。只有凭着一颗真诚的心面对他人，言必信、行必果，我们才能真正获得别人的信任，与他人建立起顺畅沟通的桥梁。颜之推教导子女们要尊重别人的劳动成果，不可据为己有，或隐晦不提，这也是秉持一种诚实的态度。在我们的身边，确实会发现一些人喜欢将旁人的功劳称之为自己的功劳，而去邀功请赏。这是不符合伦理道德的，也会使得自己逐渐失去别人的信任和尊重。诚信是立身之本，齐家之道，交友之基，经商之要，治国之法，是一种不可或缺的美德。

再有，个人在社会中生存，难免遭遇各种争执或不公平。在这种情境中，正直意味着要义无反顾地坚持自己的信念。正直是诚实的延伸，也是公正的体现，更是秉持道德规范的理想与信仰。颜之推教导子孙的为官之道，是要有勇气在君王面前讲出真话，而不能畏缩不前，阿谀奉承。这样，才能保持一泓清泉般的心境，无愧于社稷百姓。也只有正直地站立于朝堂，恪尽职守，敢于进言，才能成为忠于职守、忠君报国的臣子，不会让家族蒙羞。

唐太宗时期，直言不讳的一代诤臣魏征辅佐君主，得到了公正、知人的李世民的重用，便是家喻户晓的实例。有一次，唐太宗问魏征："历史上这么多君主，为何有的君主明智，有的君主却昏庸不堪呢？"魏征回答道："做君王的，多听听各方面的意见，就明智；只听单方面的意见，就昏庸。"他又分别举了历史上的尧、舜和秦二世、梁武帝、隋炀帝的实例，说道："君王治理天下，如若能做到采纳下面的意见，那么下情就能上达，他的亲信臣子就是想要蒙蔽他也不会得逞的。"唐太宗听后，连连点头："你说得很好！"又有一次，唐太宗读完隋炀帝的文集后，对左右大臣说："我看隋炀帝这个人，学识渊博，也懂得尧舜明君的道理，知道桀纣昏君的不好，为什么还能做出这么荒唐的事情来呢？"魏征回答道："一个皇帝光是聪明有知识是不够的，还应该懂得虚心听取臣子们的意见。隋炀帝恃才放旷，骄傲自大，说出来的是尧舜的话，做出来的却是桀纣的事，到后来就愈发糊涂，必定自取灭亡。"魏征去世后，唐太宗感言道："夫以铜为镜，可以正衣冠；以古为镜，可以知兴替；以人为镜，可以明得失。朕常保此三镜，以防己过。今魏征殂逝，遂亡一镜矣！"

2. 忠孝正义

颜之推还进一步教导子孙，为官者不必苛求飞黄腾达，而要注重保持道德的底线，将习得的道德规范践行于生活和政事当中，颜氏子孙不能为了谋求利益而丧失君子的处世之道。他批评有些为官者每日里不务政事，不苦读书，只知道索求奔走于官场，丧失尊严地谋求升官增禄，只能逐步丢失读书人的高贵气节，最后也未必能如愿。这些都不是君子之道。君子应当怎么做呢？首当其冲的就是要注意德行的积累和践行。遵守道德规范和礼仪准则，讲求正义、忠诚和君子之道，是每个读书人都应该坚守的。

颜氏家族中忠臣不断。颜之推五世孙颜杲卿和颜真卿在历史上都是一代忠臣。颜杲卿最初是因为父亲的关系而得官职，性情刚直，治理有方。开元年间，任魏州录事参军，纲举目张，治理政事才干杰出。著名书法家颜真卿则于唐开元年间中举进士，登甲科，曾四次被朝廷任命为监察御史，迁殿中侍御史。颜真卿也是为人正直，刚正不阿，后为权臣杨国忠所排挤，被贬职为平原太守。安史之乱时期，颜杲卿任常山太守，颜真卿在平原联合堂兄奋起抵抗，河北一带17个郡纷纷响应，用20万兵力截断了叛军归路。后因信守忠义，不当叛贼，颜杲卿被安禄山残忍杀害。直至乾元元年，颜杲卿获赠太子太保，谥号"忠节"。颜杲卿刚正不屈的忠义精神广为后世所称颂。而颜真卿则由于笃实憨直，敢于直言谏诤，在德宗时遭到卢杞的妒恶。当李希烈叛乱，卢杞奏请使颜真卿前去劝降。颜真卿不拒使命，前往叛臣李希烈处，不断遭到威逼折磨，终因其正直忠义而被李希烈杀害于狱中。

3. 行重于言

颜之推还指出，在家庭教育中，父母也应重视孩子行动能力的培养，以免造成眼高手低的缺陷。门阀制度在南朝后期日趋没落，诸多士族子弟眼高手低，可谓金玉其外，败絮其中。也因此导致诸多的政事实务无法解决，朝廷只能借助庶族寒门之士处理事务，以求世间太平。颜之推自己虽出身士族，且饱读诗书，勤于实务，但对这种日趋严重的社会阶层现象只能束手无策。对此，他在本家族的家训中进行了无情的批评与指责：士大夫阶层应当求真务实，抛弃高傲情绪，力戒养尊处优，努力身体力行，才能有益于社会和国家。反观当下的家庭教育，又何尝没有这样的问题呢？很多家长会在孩子要参加课外活动或者在家做家务的时候断然拒绝，给孩子的理由是："你只要学习好就行了！你的任务就是考个好学校！"殊不知，这种一味追求考分，却忽视训练孩子的动手能力、创造能力，忽视培育孩子的德行礼仪的教育，才真正会耽误子女的前程。人生的道路是要靠踏实的脚步走出来的，而不是只停留于嘴巴功夫，夸夸其谈解决不了现实问题。父母们要教导子女，成就一番事业依靠的是点点滴滴的行动的积累，行重于言，行胜于言，只有具备实干精神，才能将自己的理想转化为现实。孔子说过："博学之，审问之，慎思之，明辨之，笃行之。"（《礼记·中庸》）这也说明，治学的最终诉求就是落实到实际行动，提升解决问题的能力才是关键。小到日常家庭管理，大到人生事业规划，孩子们都必须具备必要的行动力，才能真正地成熟起来，安排好自己的生活，实现个体对于自我、家庭、社会的最高价值。

4. 勤勉为学

君子勤勉为学，是颜之推在对其子孙的家庭教育中极为看重的。古人为何求学？求学的目的、目标决定了求学者的心态和努力方向。儒家经典中并不讳言读书好所带来的物质好处和政治前途，但更看重的是要以人的发展为本，以仁义礼智信的修养为要。如果只是为了外在的装饰和他人的夸耀，是无法获得持久的学习动力的。有了正确导向的学习目的后，如何才能有效治学呢？其一，要胸怀天下，志存高远；其二，要言行兼修，知行合一；其三，要及早学习，多加磨练；其四，要虚怀若谷，谦逊好学。学习是终身的过程，没有休止符。

相传颜真卿年幼的时候家中并不十分宽裕，文房四宝皆易短缺，而他立志成为书法大家，常常用笔蘸黄土水在墙壁上练字，坚持不懈。他初学褚遂良，后师从张旭得笔法，又汲取初唐四家的特点，兼收篆隶和北魏之笔意，最终完成了"颜体"楷书的创作，与柳公权并称"颜柳"，享"颜筋柳骨"之誉，其书法流芳百世。辛勤劳动、勤奋学习可谓中华民族的传统美德。"克勤于邦，克俭于家。"从一个个体，到一个家庭，再到一个单位，继而再到整个国家和社会，勤奋都是最基本的生存之道。辛勤劳动和学习可以帮助人们获取充足的物质与精神财富，是人生获取成功的必然道路。父母在家庭教育的过程中，应当注重养成孩子勤劳做事、勤勉治学的主体性品质。社会主义核心价值观也突出强调个体的敬业精神，这也是勤劳品质在学习和工作中的集中体现。

5. 勤俭治家

与勤劳相辅相成的，就是颜氏所推崇的勤俭节约，以杜奢靡，从而知足常乐，达到身心和谐、家庭和谐、社会和谐。"勤以修身，俭以养德。"孔子夸赞得意门生颜回时说道："一箪食，一瓢饮，在陋巷，人不堪其忧，回也不改其乐。贤哉！回也。"（《论语·雍也》）简单的饮食，朴素的着装，不过度追求物质的享受，能够让人清心淡欲，又知足常乐，保持高尚的心境。当下多元化的文明社会中，物质生活的可选择性日趋丰富，人们的钱袋子也逐渐富裕，勤俭、知足也就更应成为家训的重要内容，父母应当教育子女注重勤俭节约，持家有度，不可以爱慕虚荣，攀比浪费。父母在养育子女的过程中，孩子的穿着应以简洁清爽为重，饮食应以均衡营养为重，各种用品也应以适用、实用为捡择之要，以此引导孩子戒骄奢、知淡泊、懂友善、近文明。当然，勤俭节约不等于吝啬小气，公益慈善方面的施舍不等于浪费奢侈。现实社会中的一种现象也应避免，就是有些人节俭得近乎极端，就成了"吝啬"。吝啬很容易使孩子变得自私和狭隘，凡事只考虑自己的利益，自我中心，锱铢必较，甚至贪得无厌。

吝啬还会使孩子冷漠无情，缺乏怜悯之心，即使具备能力，也对他人的困境熟视无睹。这是需要避免的。所以说，父母在日常家庭教育中要引导孩子形成正确的经济观念和消费意识，不可奢靡挥霍，也不可吝啬自私。

可以说，颜子推家族的子孙之所以多德才兼备、知行统一之士，绝不能排除《颜氏家训》教化和熏陶的作用。而这一家训巨著也对后世发挥着重要的影响作用。宋代朱熹之《小学》，清代陈宏谋之《养正遗规》等，都曾经取材于《颜氏家训》。颜之推将教导子弟读书、做人当做家训的核心内容，倡导及早学习、勤勉学习、终身学习，推崇诚孝、慎言、检迹的做人规范，并借此阐发了一系列的家庭教育准则，实为父母们创设了家庭教育的理论依据和实践智慧，是当之无愧的中华家训典范。

肆 参考文献

［1］包东坡.中国历代名人家训精粹［M］.合肥：安徽文艺出版社，2010.

［2］赵振.中国历代家训文献叙录［M］.济南：齐鲁书社，2014.

［3］翟博主编.中国人的教育智慧（经典家训版）［M］.北京：教育科学出版社，2007.

（执笔：季　瑾）

范仲淹家训

壹 内容选粹

原文

‖百字铭‖

孝道当竭力，忠勇表丹诚。兄弟互相助，慈悲无过境。勤读圣贤书，尊师如重亲。礼义勿疏狂，逊让敦睦邻。敬长与怀幼，怜恤孤寡贫。谦恭尚廉洁，绝戒骄傲情。字纸莫乱废，须报五谷恩。作事循天理，博爱惜生灵。处世行八德①，修身率祖神。儿孙坚心守，成家种善根。

注释

① 八德：指我国古代的孝、悌、忠、信、礼、义、廉、耻八种优秀品德。

译文

尽孝道要竭尽全力，对国家要忠诚英勇。兄弟之间要互相帮助，无论是怜悯还是悲伤都不要过度。勤奋读书，尊敬师长。谦逊懂礼知义，对邻里之间要互相帮助。孝敬长辈爱护幼小，对贫穷孤寡的人要有同情心。做官要谦虚廉洁不能骄傲自满。对于纸张和五谷不要浪费。顺应自然，爱护生灵。为人处世要有德行，注意修身。儿孙要坚持志向，为以后成家种下善的根基。

原文

告诸子及弟侄（节选）

吾贫时，与汝母养吾亲，汝母躬执爨①而吾亲甘旨②，未尝充也。今得厚禄，欲以养亲，亲不在矣。汝母已早世，吾所最恨③者，忍令若曹享富贵之乐也。

吴中宗族甚众，与吾固有亲疏，然以吾祖宗视之，则均是子孙，固④无亲疏也。敬祖宗之意无亲疏，则饥寒者吾安得不恤也。自祖宗来积德百余年，而始发于吾，得至大官，若独享富贵而不恤宗族，异日何以见祖宗于地下，今何颜以入家庙乎？

京师交游，慎于高议，不同常言之地。且温习文字，清心洁行，以自树立平生之称。当见大节，不必窃论曲直，取小名招大悔矣。

京师少往来，凡见利处，便须思患。老夫屡经风波，惟能忍穷⑤，方得免祸。

大参⑥到任，必受知也。惟勤学奉公，勿忧前路。慎勿作书，求人荐拔，但自充实为妙。

青春何苦多病，岂不以摄生为意耶？门才起立，宗族未受赐，有文学称，亦未为国家所用，岂肯循常人之情，轻其身汩其志哉！

贤弟请宽心将息，虽清贫，但身安为重。家间苦淡，士之常也，省去冗口可矣。请多着工夫看道书，见寿而康者，问其所以，则有所得矣。

汝守官处小心，不得欺事，与同官和睦多礼，有事只与同官议，莫与公人商量，莫纵乡亲来部下兴贩，自家且一向清心做官，莫营私利。汝看老叔自来如何，还曾营私否？自家好，家门各为好事，以光祖宗。

注释

① 爨（cuàn）：烧火煮饭。
② 甘旨：吃到美味的事物。
③ 恨：遗憾。
④ 固：通"故"，所以，因此。
⑤ 穷：困窘的处境。
⑥ 大参：范仲淹的侄子，生平不详。

| 译文

我贫穷时，和你们的母亲一起奉养你们的祖母，你们母亲亲自烧火煮饭而你们的祖母可以吃到美味，但生活从未富裕。现在我得到丰厚的俸禄，想用以供养亲人，可亲人却不在了。我最感到遗憾的是，你们的母亲去世得早，我怎么忍心看着你们独享富贵之乐。

吴中本族子弟很多，同我本有亲疏之分，然而以同是祖宗之后来看，又都是子孙，所以没有亲疏之别。如果尊敬先祖的意思不分亲疏，我们怎么能不体恤正在饱受饥寒的人呢？从祖宗以来积德百余年，从我开始加官封爵，如果我独享富贵而不去接济自己的宗族，他日有何面目去见地下的祖宗，今日又有何面目进入家庙呢？

在京师交游，不要妄发议论，要与那些员有言责官员有所区别。而且要经常温习文字，清心洁行，树立自己的日常形象。要顾全大局，不应私论是非曲直，为了小的名誉而后悔。

在京师少和人往来，凡是见到有利之处，要想到后患。我屡次经历各种风波，唯独能忍耐穷困，所以才得以免祸。

大参就任官职后，必然受到赏识。只须勤学奉公，不要担忧前途。注意不要写信求人荐拔，只要自己充实就好。

年轻为何多病，难道不是不注意保养身体吗？门风刚刚树起，宗族还未受赐，以文学之才著称，也还未为国家所用，怎么能循着常人之情，忽视你们的身体而使自己的抱负不能实现呢！

贤弟请放宽心胸，修养调息，家虽清贫，但身体安好为重。家居生活清苦淡泊，这是士人常有的，省去多余的奴仆就可以了。请多向道家养生书和健康长寿之人请教，就会有收获。

你们做官要小心，不可做欺上瞒下的事，要与同事之间和睦有礼，有事只与同事商议，莫同众人商量。不要纵容乡亲来所管辖的地方兴贩取利，自己一向要做清心寡欲之官，不要营取私利。你们看我做得如何，曾营取过私利吗？自己家好，家门各人都做好事，以此来光宗耀祖。

贰 背景简介

范仲淹（989—1052），字希文，谥号文正，苏州吴县（今江苏苏州）人，北宋著名思想家、政治家、军事家和文学家。范仲淹一生忠直敢谏，因上书言事，先后得罪太后与皇帝，被贬为陕西经略安抚副使。在陕西主持抗夏战争中表现出过人的胆识和成熟的智慧，巩固了西北边

○ 范仲淹

防。在主持庆历新政中提出了一整套改革措施，震动朝野，充分地显示了他匡时救弊、济民富国的志向，点燃了宋代改革的火种。范仲淹一生写下大量论著、文赋和诗词，诗词共200多首，内容充实，或含蓄，或沉郁，为后人所赞叹，更留下千古名句"先天下之忧而忧，后天下之乐而乐"。范仲淹从政近40年，曾任泰兴兴化知县、河中府（今山西永济县）通判、陈州（今河南淮阳县）知州、睦州（今浙江淳安县）知州、苏州知州、陕西经略安抚副使等职。纵观范仲淹的一生，无论是官至朝中要职，还是被贬地方，或是镇守西北边关，所到之处均有不凡的政绩。范仲淹在历任苏州知州期间，就为苏州作出了巨大贡献。

一是兴修水利，从实际情况出发，提出"浚河、置闸、修围"相结合的治水主张，把水满为患的苏州大片沼泽之地改造成为旱涝保收的万顷良田。二是在苏州创办学校，为家乡培养了无数人才。

范仲淹是唐代宰相范履冰的后代。其四世祖范隋在唐懿宗时任幽州良乡主簿。五代时期范氏数代都在吴越国做官。范仲淹的曾祖父范梦龄任吴越国的苏州粮料判官，以才德闻名于世。祖父范赞时自幼聪明，被举荐为"神童"，后任吴越国的秘书监，曾经汇辑《春秋》及历朝史，写成《资谈录》60卷。他的父亲范墉自宋太宗太平兴国三年（978）起历任成德、成信、武宁军节度掌书记。范仲淹共有四个儿子，长子纯祐忠孝，次子纯仁忠义，三子纯礼温文尔雅，四子纯粹富有谋略，这与范仲淹的家教是分不开的。

范仲淹在家书《告诸子及弟侄》中，言之谆谆，且严且慈，充满对晚辈的关怀与指点，涉及为官之道、交友处事、修身养性、宗族相助等内容。他首先创立的义庄和对族人的教化在家训史上也为人称道。他专门制定了范氏的宗规族训《义庄规矩》，不仅扶助了宗族内的贫困者，还有利于社会的安定，起到了团结教化和管理宗族成员的作用。

叁 延伸阅读

因受到家族世风的影响，范仲淹时时以儒家经典规范自己的言行，以外王内圣的思想进行自我修养，为政廉洁。而他身上"以天下为己任"的博大胸襟和忧国忧民的爱国情怀，更是一笔宝贵的精神财富。

为政以廉

范仲淹在长白山苦读之时，留下了"断齑画粥"的动人故事，成为千百年来教育史上激励人心的典范。庆历年间，范仲淹在长白山苦学时极为贫苦，在庙里读书昼夜不息，每日用两升小米煮一锅粥，经过一个晚上的时间，粥凝固后，用刀把粥切成四块，早晚各吃两块，再把姜、葱、蒜等切成十几条来佐食，就这样过了三年。

⊙ **范仲淹断齑画粥**

范仲淹不仅在青年时代贫困时能保持艰苦朴素的生活作风，即使从政后身居高位，仍能自奉节俭。在家时除了接待宾客，都不怎么吃肉；家中妻儿的衣食只是够用，没有富余。他经常回忆起母亲生前对自己的养育之恩，不免悲从中来，告诫自己的子弟不要独享富贵而忘记家族的艰辛过往。他言传身教，教育自己的孩子不要铺张浪费，为官要清心寡欲，为政以廉，执政为民。

严以修身

每到晚上睡觉之前，范仲淹都会在心里面开始计算今天所拿到的国家俸禄和一天用在吃穿上的花费，反思今天都做了哪些事。如果得到的俸禄和所做的事是相称的，就是说今天所做的事对得起今天拿到的俸禄，那么就可以安然入睡。如果所做的事情对不起今天拿到的俸禄，那么一整个晚上都睡不安稳，并要求自己明天一定要做与其职位相称的事。这是"吾日三省吾身"的表现，其自律之严、自奉之俭可见一斑。

范仲淹在《告诸子及弟侄》中要求子弟学会充实自己，修身为先，这样总会有被高明的官员赏识的一天。金子到哪里都会发光，关键是先把自己打造成"金子"。范纯仁是范仲淹的次子，他敬重父亲，没有辜负父亲的教诲，常以责人之心责己，以恕己之心恕人。范纯仁在《诫子弟言》中论述了责人与责己、恕人与恕己的关系，要求自己的子弟用苛求别人的态度来要求自己，用宽恕自己的心理去谅解别人。

设立义庄

范仲淹创立了"义庄"，为宗族共谋福利，并抚养和救济宗族中的穷人。他制定的用以规范范氏义庄管理的《义庄规矩》共计13条，主要包括对宗族各房日常衣食米绢的供给、对婚嫁丧葬费用的拨付、对贫困宗亲的周济等。为了避免出现族人铺张浪费、寅吃卯粮、多吃多占的情形，《义庄规矩》还明确了具体规则，比如族人口粮按月领取，不得预先支取；负责分配之人不得破坏规矩；平衡收支，以预备灾年之用，等等。

范仲淹后代对《义庄规矩》进行了数次修订并形成范氏义庄的《续定规矩》。《续定规矩》增加了教化族人、奖惩结合的条款。比如，鼓励宗族子弟发奋读书，并在其中选取品德功名优良者为"教授"，以教育族中子弟，报酬很丰厚；同时，对于行为不端、违反族规的子弟，则扣发口粮和俸钱，以示惩戒。这一奖惩结合的做法，对范氏义庄的宗族子弟产生了良好的激励与警示作用，起到了宗族教化的效果。

肆 参考文献

［1］武金铭，刘士文，王文治主编.文化人物［A］.见：史仲文，胡晓林主编.中华文化人物辞海［M］.北京：中国国际广播出版社，1998：225.

［2］周鸿度等编著.范仲淹史料新编［M］.沈阳：沈阳出版社，1989：95.

［3］翟博主编.中国人的教育智慧（经典家训版）［M］.北京：教育科学出版社，2007：239—240.

［4］方健.范仲淹评传［M］.南京：南京大学出版社，2001：116—179，186—187.

［5］诸葛忆兵.范仲淹传［M］.北京：中华书局，2012：54—56.

［6］丁传靖辑.宋人轶事汇编·卷八［M］.北京：中华书局，1981：334—351.

［7］徐少锦，陈延斌.中国家训史［M］.西安：陕西人民出版社，2003：404—405.

（执笔：陈惠惠）

叶梦得家训

壹 内容选粹

原文

▌石林①家训（节选）▐

《易》②曰："乱之所由生也，言语以为阶。君不密则失臣；臣不密则失身。"《庄子》曰："两喜多溢美之言，两怒多溢恶之言。"大抵人言多不能尽实，非喜即怒。喜而溢美，有失近厚；怒而溢恶，则为人之害多矣。《孟子》曰："言人之不善，当如后患何？"夫己轻以恶加人，则人亦必轻以恶加我，以是自相加也。吾见人言，类不过有四：习于诞妄者，每信口纵谈，不问其人之利害，于意所欲言。乐于多知者，并缘形似，因以增饰，虽过其实，自不能觉。溺于爱恶者，所爱虽恶，强为之掩覆③；所恶虽善，巧为之破毁。轧④于利害者，造端设谋，倾之惟恐不力，中之惟恐不深。而人之听言，其类不过二途：纯质者不辨是非，一皆信之；疏快者不计利害，一皆传之。此言所以不可不慎也。今汝曹前四弊，我知其或可免，若后二失，吾不能无忧。盖汝曹涉世未深，未尝经患难，于人情变诈，非能尽察，则安知不有因循陷溺者乎！故将欲慎言，必须省事，择交每务简静，无求于事，则自然不入是非毁誉之境，所以游者，皆善人端士，彼亦自爱己防患，则是非毁誉之言亦不到汝耳。汝不得已而友纯质者，每致其思则而无轻信；友疏快者，每谨其戒而无轻薄，则庶乎其免矣。

注释

① 石林：叶梦得晚年隐居浙江湖州弁山玲珑山石林，故号石林居士，所著诗文多以石林为名。

②《易》：即《易经》，儒家经典著作之一。

③ 掩覆：掩饰。

④ 轧（yà）：互相排挤。

译文

　　《易经》说："之所以有祸乱发生，往往是由言语引发的。国君说话不慎重严密，就会失信于臣民；臣子说话不慎重严密，灾祸就会殃及自身。"《庄子》说："如果两人交往愉悦的话就会多说赞美之词，如果两人交恶的话就会多说憎恶之语。"大约人们的话多数都不够完全真实，不是高兴之言就是发怒之语。喜悦的时候就会说一些溢美之词，这样会有失真实；生气的时候就会说一些厌恶之语，这会对人产生危害。《孟子》说："说人家的坏话，想到会有什么后患吗？"自己轻易把恶语加之于人，别人也必定会以恶语加之于我，这就等于自己把恶语加给自己。我观察一般人说话，其类型不过四种：一是惯于说虚妄之话的人，经常信口开河，不顾别人的利害，自己想怎么说就怎么说。二是喜欢表现自己见多识广的人，听到一些似是而非的话，就添油加醋，虽然已与实际情况相差甚远，但自己却丝毫不能察觉。三是沉溺于爱悦憎恶的人，对于他所交好的人，虽然缺点很多，他却硬为那人掩饰；对他所讨厌的人，虽然有许多优点，他也想方设法去毁谤人家。四是为利害关系而相互排挤的人，制造事端，巧施阴谋，排挤人家唯恐力量不够，中伤人家唯恐不深。人们听话，也不过两种类型：纯朴的人不辨是非，全都相信；粗疏嘴快的人不计较利害，一切话都加以传播。这就是我们说话不能不慎重的原因。现今你们对于上述四种弊病，我知道你们或许可以避免，至于后两种，我不能不忧虑。你们社会经验不够，没有经受过苦难，对于人情世态变幻欺诈，不能观察清楚，怎么能够断定自己没有因为不知变通而陷于灾祸呢！所以说，要想说话谨慎，就必须省察事情；朋友之间简简单单，无求于事，那么，自然就不会进入是非毁誉的境地。所有来往的人，都是一些品行端正的人，他们也都能自爱，严防惹祸，那么，是非毁誉的言词也不会传到你耳朵中。在不得已的情况下结交纯朴的人为友，要慎重思考，不要轻信别人的话；不要与粗疏嘴快的人为友，要语言谨慎，说话不能轻薄，这样就可以免祸。

原文

‖石林治生家训要略（节选）‖

要勤。每日早起，凡生理所当为者，须及时为之，如机之发、鹰之搏，顷刻不可迟也。若有因循，今日姑待明日，则费事损业，不觉不知，而家道日耗矣。且如芒种不种田，安能望有秋之多获？勤之不得不讲也。

要俭。夫俭者，守家第一法也。故凡日用奉养，一以节省为本，不可过多。宁使家有盈余，毋使仓有告匮①。且奢侈之人，神气必耗，欲念炽而意气自满，贫穷至而廉耻不顾。俭之不可忽也若是夫。

要耐久。昔东坡曰："人能从容自守，十年之后，何事不成？"今后生②汲③于谋利者，方务④于东，又驰于西。所为欲速则不达，见小利则大事不成。人之以此破家者多矣。故必先定吾规模⑤，规模既定，由是朝夕念此，为此必欲得此，久之而势我集、利我归矣。故曰善始每难，善继有初，自宜有终。

要和气。人与我本同一体，但势不得不分耳。故圣人必使无一夫不获其所，此心始足，而况可与之较锱铢⑥，争毫末，以致于斗讼⑦哉？且人孰无良心，我若能以礼自处，让人一分，则人亦相让矣。故遇拂⑧意处，便须大著心胸，亟思相返，决不可因小以失大，忘身以取祸也。

▏注释

① 匮（kuì）：竭尽，空乏。

② 后生：后代，后辈。

③ 汲（jí）：急切，急忙。

④ 务：致力，专力从事。

⑤ 规模：谋划，规划。

⑥ 锱铢（zī zhū）：比喻极其细微的数量。

⑦ 斗讼（sòng）：争讼，此处为争夺、争辩的意思。

⑧ 拂（fú）：违逆，违背。

▏译文

要勤劳。每天早起，及时把家里事务完成，像射弩扣动扳机、老鹰搏击猎物那样，分秒不可耽误。倘若延迟，今日事明日毕，就会误事，影响家业，不知不觉中甚至家境会因此而衰败破落。这正像春播时节没有及时播种，怎能指望秋天有收成呢？要治家，勤劳是不能不讲的。

要节俭。"俭"是守家的重要家法，所有日用生活所需都应以节省为根本，不应太多。要保证家里有盈余，不能让粮仓空空。那些奢侈的人追求物质享受，贪欲极大，以致我行我素、忘乎所以。一旦生活境遇发生变化，不能忍受贫困，就会做出不顾廉耻的坏事。所以，节俭是不可忽视的。

要耐久。苏东坡曾说："一个人能专心致志，不为外界干扰，这样磨练十几年，就没有什么事情是做不成的。"如今，不少年轻人急功近利，刚要跑向东边，却又转身向西，过分追求小利，急于求成，却由于缺少明确而专一的目标，最终成不了大事。由此而导致家族破败的例子有很多。所以，一个人想要事业有成，首先要确定目标，有了明确的目标和具体的规划之后，应每天为之勤奋努力，不断加强必胜的信心，久而久之，就可以实现目标。因此，好的开始很难，一旦有了好的开始，再持之以恒，就会有好的结果。

要和气。他人和我虽然一样，但也有区别。因此，圣贤之人会让人各得其所，而不是与人锱铢必较，与人争辩。并且，人人都有善良之心，如果我能够以礼待人，谦让别人，别人也会以礼相让。因此，如果遇到不如意的地方，应当心胸开阔，自我反思，绝不能因小失大，自取其祸。

贰 背景简介

叶梦得（1077—1148），字少蕴，晚年自号"石林居士"，原籍苏州吴县（今江苏苏州），宋代著名词人、文学家。绍圣四年（1097），考中进士。绍兴元年（1131）起为江东安抚大使，兼知建康府（南京）、行宫留守。晚年隐居浙江湖州弁山玲珑山石林。绍兴十八年（1148）卒，死后追赠检校少保。叶梦得故居宝俭堂始建于宋代，原名梦园，明初改成宝俭堂，位于苏州市吴中区

○ 叶梦得

东山镇陆巷村，掩映于一片橘林之中，此后为叶氏后裔所居。

苏州吴中洞庭叶氏家族是东山望族，文人世家，世代为官，名人辈出。其曾叔祖叶清臣为北宋名臣，历任光禄寺丞，集贤校理，迁太常丞，进直史馆。四世祖叶参为咸平四年（1001）进士，官至广禄卿。父亲叶助为北宋中期进士，曾被封太师魏国公。母亲晁氏为"苏门四学士"之一的晁补之二姊。叶梦得更是使东山叶氏光宗耀祖之人，一生屡经仕宦，学识渊博，藏书丰富，著作也非常多。据陈振孙《直斋书录解题》著录，叶梦得所写著作有《春秋传》20卷、《春秋考》16卷、《春秋谳》22卷、《石林奏议》15卷、《石林燕语》10卷、《避暑录话》2卷、《岩下放言》3卷、《石林家训》1卷、《建康集》8卷、《石林诗话》2卷等。

叶梦得的《石林家训》、《石林家训治生要略》两部经典著作，堪称宋代家训的典范。其中，《石林家训》是针对人们说话容易招致祸患而发表的议论，提出了关于"慎言"的主张。《石林家训治生要略》则教导世人要注重家庭经济管理，包括治生的一些规范及基本原则。

叁 延伸阅读

叶梦得家训有许多重要特色，其中，告诫后人要学会慎言、勤劳节俭、坚持不懈，对世人影响尤为巨大。

慎言

言人不善，当如后患。叶梦得认为，如果轻易把恶语加之于人，别人也必定会以恶语还之于我，这就等于自己把恶语加给自己。所以，他告诫后代要慎言，不能只根据自己的好恶而轻信轻传那些不负责任、故意中伤的话，要谨慎选择交友。现实生活中，人与人之间的交往总会有这样或那样的摩擦，矛盾深了甚至会恶语相加，这样只会害人害己。所谓"祸从口出"、"人心不古"，很多人招致祸患就是因为言语不慎。古代不少名人家训都教导后代要慎言，这都是他们饱经忧患、洞悉人情的阅历之言。

┃ 治生

叶梦得认为，做人不仅要谨言慎行、修身养性，还要学会治生。治生即家庭经济管理，主要是讨论如何维持生计，如何使家族兴盛不衰的问题。叶梦得告诫后代治家要先学会治生，要勤劳，今日事今日毕；要节俭，量入为出；做事要坚持不懈、有始有终，切忌急功近利。这种理念是对传统家训的进一步发展，符合中国传统家庭的理财观念。

受叶梦得家训的慎言思想和家庭经济管理理念的影响，叶氏家族出过很多进士、举人，其后人大都在南京、扬州、宿迁等地以经商为业，还有的在家乡购地置田千亩，设义庄、修主谱、行善事。《石

○ 叶梦得故居（苏州）

林家训》、《石林家训治生要略》对现代家庭教育同样具有积极的指导意义，当今的父母也应该言传身教，不仅要培养孩子谨言慎行、坚持不懈的品质，还要发扬勤俭节约的传统美德。

肆 参考文献

［1］门岿.二十六史精要辞典［M］.北京：人民日报出版社，1993：2061.

［2］吴海林，李延沛.中国历史人物辞典［M］.哈尔滨：黑龙江人民出版社，1983：312.

［3］金平，孟云，南翔.古代家训选析［M］.合肥：安徽教育出版社，1993：37—40.

［4］《诫子弟书》编委会.诫子弟书［M］.北京：北京出版社，173—175.

［5］叶德辉.石林治生家训要略（叶氏刻本）［M］.观古堂刊，1935.

（执笔：张超英）

朱元璋家训

壹 内容选粹

| 原文

‖ 皇明祖训（节选）‖

凡古帝王以天下为忧者，唯创业之君、中兴之主，及守成贤君能之。其寻常之君，将以天下为乐，则国亡自此始。何也？帝王得国之初，天必授於有德者。若守成之君常存敬畏，以祖宗忧天下为心，则能永受天之眷顾；若生怠慢，祸必加焉。可不畏哉！

凡吾平日持身之道，无优伶进狎①之失，无酣歌夜饮之欢；……权谋与决，专出於己，察情观变，虑患防微，如履薄冰，心胆为之不宁。晚朝毕而入，清晨星存而出，除有疾外，平康之时，不敢怠惰。

凡亲王每岁来朝，自备饮膳。其随从官员军士盘②费，马疋③草料，俱各自备，毋得干预有司，恐惹事端。……凡皇太子次嫡子并庶子，既封郡王之後，必俟出阁，每岁拨赐，与亲王子已封郡王者同。

凡人之奸良，固为难识。惟授之以职，使临事试之，勤比较而谨察之，奸良见矣。若知其良而不能用，知其奸而不能去，则误国自此始。历代多因姑息，以致奸人惑侮。当未知之初，一槩④委用；既识其奸，退亦何难。慎勿姑息。

凡听讼要明，不明则刑罚不中，罪加良善，久则天必怒焉。……凡赏功要当，不当则人心不服，久则祸必生焉。

注释

① 狎（xiá）：亲近而不庄重。
② 盤（pán）：通"盘"，盘缠，出外的费用。
③ 疋（pǐ）：同"匹"，量词，多用于马匹。
④ 槩（gài）：同"概"，大略，大体。

译文

世间能心忧天下的帝王，只有开创帝业的君主、使国家由衰弱走向兴盛的君主，以及能够固守国家的君主。一般的君主，因为天下太平而只顾享乐，此时国家就会开始走向灭亡。为什么呢？因为帝王刚得到天下的时候，上天一定会把国家交给有德行的人。如果守业的君主能常存敬畏，心忧天下，就能永远受到上天的眷顾；如果心生怠慢，一定会招致祸患。能不害怕吗！

我平时立身处世之道，不近女乐歌舞，不听戏曲，也没有酣歌夜饮的习惯；……权谋与主意都是由自己来判断和决定，自己要认真观察，做到防微杜渐，就像双脚踏于薄冰上，心里担忧不安。晚上休息得很晚，早上很早就起来处理政务，除生病之外，康健的时候，不敢懈怠懒惰。

亲王每年来朝拜，要自备饮食。他的随从、官员、军士的所有费用，以及马匹草料，都各自准备，别的官员不得干预，怕惹事端。……皇太子的嫡子庶子，与亲王的孩子一样，分封郡王后，都是一年拨赐一次供奉。

人的好坏，本来就很难判断。只要授给他官职，安排事情让他去做，然后勤于比较、谨慎观察，就可以试出他的品行。如果知道他忠心有才华而不用，知道他阴险狡诈而不罢免，就是误国。历代以来都是因为纵容不加限制，以致被奸邪的人迷惑。不知道他的品行，能一概任用；既然知道他是奸诈之人，罢免他又有何难，千万不要姑息。

听取诉讼要明察，弄不清楚刑罚就会不公正，加罪于善良之人，时间长了，上天一定会发怒的。……对有功之人的赏赐要得当，赏赐不得当就会导致人心不服，时间长了必然会产生祸患。

📛 背景简介

○ 朱元璋

朱元璋（1328—1398），原名重八，字国瑞，庙号太祖，祖籍江苏沛县，后其祖父迁居濠州（今安徽凤阳），在应天府（今江苏南京）称帝，明朝开国皇帝，杰出的政治家、军事家。朱元璋幼时家境贫穷，从小给地主放牛，后入皇觉寺做和尚（小行童），不足两个月便被打发出寺，乞讨为生。25岁时参加郭子兴领导的红巾军反抗元朝，1356年被部下诸将奉为吴国公。1368年，朱元璋击破各路农民起义军后，在应天府称帝，国号大明，年号洪武。洪武三十一年（1398），朱元璋病逝于应天，葬南京明孝陵。

《皇明祖训》是明太祖朱元璋主持编写的著名家训典籍，内容是为巩固朱明皇权而对其后世子孙的训诫，初名《祖训录》。始纂于洪武二年（1369），洪武六年书成，朱元璋为之作序，命礼部刊印成书，洪武九年又加修订，洪武二十八年重定，更名为《皇明祖训》，并将首章的《箴戒》改称《祖训首章》。《皇明祖训》内容极为丰富，包括首章、持守、严祭祀、谨出入、慎国政、礼仪、法律、内令、内官、职制、兵卫、营缮、供用等13章，是一部专为训导后世子孙的皇室家训。文中明确规定："凡我子孙，钦承朕命，无作聪明，乱我已成之法，一字不可改易。非但不负朕垂法之意，而天地、祖宗亦将孚佑于无穷矣！"其言郑重，足见其在明太祖心目中的意义重大。

从《皇明祖训》的内容看，虽有不少是皇朝之国策、为帝之道、皇帝与宗室的关系等国家治理之道，但主要还是对皇室内部的训诫。朱元璋编撰此书主要还是受儒家"修身、齐家、治国、平天下"思想的影响，严格要求后世君主要勤于政务、忧国忧民；要法度严明、善于用人；要体恤百姓、勤俭治家等，确保明朝政权稳固，百姓安居乐业。

叁 延伸阅读

打江山不易，守江山更难，朱元璋苦苦思索着治国之道，认为帝王必先修身齐家，方可治国平天下。明太祖一生经历过太多的苦难，深知百姓生活的艰辛，在位期间，崇尚节俭，以身作则。《皇明祖训》中对皇室供用有严格要求，各亲王每年朝拜所需食物、费用均要自备，对各皇子每年的供奉也都有明确规定。由此可见，朱元璋希望子孙后代能够以俭治家，体恤百姓。

| 以俭治家

朱元璋尤其崇尚节俭。一天，他回到后宫，见到地上散乱地堆着一些零碎丝绸，便把嫔妃们全部召来，给她们算了一笔百姓养蚕丝织应役纳赋账目；然后下令，再有这样挥霍浪费的，严加惩处。洪武三年（1370）十月的一天，大雨如注，遍地积水，朱元璋见两个小内监穿着新鞋子在雨水中行走，便把他们召到面前，训斥道："一双鞋子虽然不值多少钱，却是出自百姓之力，要费好多功夫才能做成，你们

○ 马皇后教太子（明版画）

怎可不爱惜，甘心如此糟践。"于是下令把他们拉出去打板子，并对大臣们说："大多数经历过艰苦的人都知道节俭，从小生活在富贵人家的孩子往往奢侈无度。"同时下令：从今天开始，百官上朝如果遇着雨雪天气，允许穿雨衣雨靴。

在约束宫廷方面，马皇后也能做出榜样，与朱元璋互相勉励。她平时穿衣非常节俭，颜色褪了，衣服破了，都舍不得丢掉。她命人将杂丝织成绸缎，做成被子送给老弱孤苦，再将剩下的丝织布头缝成衣服，赐给王妃公主，让她们知道种桑养蚕的艰难。打下元大都之后，大批珠宝运回南京。马皇后说："元朝有这么多宝物也难免于灭亡，是不是帝王家有更贵重的宝物啊！"朱元璋笑道；"我知道你说的宝物，就是治国贤才吧？"马皇后拜谢道："皇上说的是。臣妾与皇上生于贫贱，能有今天实属不易。常怕骄纵奢侈导致国家危亡，愿皇上珍重。希望皇上得天下贤才共同治理。"朱元璋连连赞叹。马皇后的贤德，给朱元璋以俭治家以很大的帮助和鼓励。

体恤百姓

朱元璋认为，他的儿孙们很可能由于缺少苦难经历，因富贵而生骄奢之心，导致国家危亡。因此，他不仅以身作则，还利用各种机会对几个孩子从小就进行各种磨练、训练和教育。吴元年（1367）十月，朱元璋派13岁的大儿子朱标和12岁的二儿子朱棣到濠州祭拜祖墓，一来让两个人告慰祖先之灵，二来也是让他们了解沿途风土民情和家乡的贫困情况。临行前，朱元璋教导他们说："你们兄弟自幼生长在帝王之家，不知人生艰难，百姓疾苦，很容易骄纵懒惰。今后，你们要承担很重的责任，不可不谨慎。"要求他们一路不要光骑马，要有一段时间步行，体会一下跋涉的艰苦。

一个月之后，朱元璋又带着皇太子朱标到南郊去，让人带领着这位"准皇帝"深入到农家茅草小屋，看他们住得如何，吃的什么，用的什么。参观完毕，朱元璋循循教导道："你现在应该了解农家的劳苦了吧！农民起早贪黑，不得休息，所住的不过是茅草屋，穿的不过是布衣粗裙，所吃的不过是菜粥粗饭。但国家的经费都要靠他们供给，我想让你明白：房屋建设，吃穿用度，一定要想到农民的辛苦。拿的时候要有章法，用的时候要注意节省，使他们不至于饥寒交迫，才算尽到做君主的责任。如果横征暴敛，则民不胜其苦，你又于心何忍呢。"

朱元璋非常重视对皇室子孙的教育，命人选派一些德高望重、学识渊博的官吏兼领东宫官，给予很高的礼遇，要他们负责太子及诸王的品德教育和知识、能力的传授，并经常督促检查。朱元璋通过编撰

《皇明祖训》，告诫皇室子孙要勤于政务、忧国忧民、明察秋毫等，希望子孙后代能够成为国家栋梁。

肆 参考文献

[1] 朱元璋.明朝开国文献（3）［M］.台北：台湾学生书局，1966：1591，1594—1595，1599—1600，1667—1671.

[2] 黄冕堂，刘锋.朱元璋评传［M］.南京：南京大学出版社，2011：15-16，30，71，93—94，97—100，110—113.

[3]《民国丛书》编辑委员会编.第一编83 朱元璋传［M］.上海：上海书店，1989：1—15，257—258.

[4] 李凤飞.中华历史名人全传（第一册）［M］.北京：光明日报出版社，2005：425—426.

（执笔：张超英）

唐顺之家训

壹 内容选粹

原文

与二弟正之（节选）

行者居者①，行迹各别，然理②无二致也，日用工夫③无二致也。汝兄在山中若不能谢遣世缘④，澄彻此心，或止游玩山水，笑傲度日，是以有限日力作却无力糜费，即与在家何异？汝在家若能忍节嗜欲⑤，痛割俗情，振起十数年懒散气习，将精神归并一路，使读书务为心得，则与在山中何异？艰哉！艰哉！各自努力。

居常⑥只见人过，不见己过，此学者切骨病痛⑦，亦学者公共病痛。此后读书做人，须苦切点检自家病痛。盖所恶人许多病痛，若真知反己⑧，则色色⑨有之也。

注释

① 行者居者：出外的人和住家里的人。

② 理：外界事物的道理。

③ 日用工夫：日常事情对自己的锻炼。

④ 谢遣世缘：谢却、摆脱外界的俗事纠缠。

⑤ 忍节嗜欲：忍耐、节制嗜好和欲望。

⑥ 居常：平时。

⑦ 切骨病痛：形容极深的毛病、致命的弱点。

⑧ 反己：反省自己。

⑨ 色色：样样。

译文

出门在外的和在家的人，行为处事虽然不同，但是日常行事做人的道理，大小事情对自己的磨练，却没有什么不同。我在山中如果不能摆脱外界的烦事纠缠，把心静下来，或者只是游山玩水，享乐狂傲地度日，把有限的时间和精力白白消耗掉，与在家没有什么区别。如果你在家能够忍耐寂寞，节制欲望，忍痛割舍世俗人情，甚至去除十多年来的懒散习惯，做到集中精力读书，和我在山中读书没有什么不同。难啊！难啊！让我们各自努力吧！

一般读书人只看到别人的过错，看不到自己的过错，这是读书人深入骨髓的通病。以后你读书做人，要切实检查自己，如果你真能够及时反省自己的行为，就会发现自己所讨厌的别人身上的毛病，自己身上样样都有。

贰 背景简介

　　唐顺之（1507—1560），字
应德、义修，号荆川，世称"荆川先
生"，明代南直隶武进（今江苏常州）
人，明代文学家、军事家、数学家和抗
倭英雄。唐顺之学识广博，通晓天文、
地理、乐律、数学、兵法等。他与王慎

○ 唐顺之画像

中、茅坤、归有光等联合反对明中叶后掀起的"文必秦汉"的复古浪潮
与摹拟风气，推崇并师法唐宋散文，被称为"唐宋派"。与晋江王慎中
齐名，人称"王唐"。著有《荆川先生文集》、《广右战功录》等。

　　唐顺之出身于江苏常州青果巷的书堂官宦之家，其祖父唐贵是
进士出身，任户部给事中，其父唐宝也是进士出身，任河南信阳与湖
南永州知府。出身于名门望族的唐顺之，父母对他极其严厉。唐顺之
天生禀赋聪明且极具个性，在同龄人中属于佼佼者。他酷爱读书，
家里不时为他寻觅当代的名师辅导他，因此学业有成。明朝嘉靖八
年（1529）他会试第一，入翰林院任编修，后以郎中赴浙江前线视
师，泛海痛击倭寇，升右佥都御史，代凤阳巡抚。

　　《荆川先生文集》为唐顺之所著，共17卷，其中文13卷，诗3
卷。本文所节选的《与二弟正之》是唐顺之写给二弟唐正之的家信节
录，该家信由读书联系到做人，告诫其弟唐正之吸取一般读书人的教
训，"须苦切点检自家病痛"，即进行自我反省，切不可只看到别人
的过错，却看不到自己的过错。唐顺之将自己的切身体会告知弟弟正

之，勉励他潜心学习，珍惜时间，以免他犯同样的错误。

叁 延伸阅读

唐顺之作为明朝抗倭英雄，忧国忧民，立下了赫赫战功。唐顺之深受祖父和父亲潜移默化的影响，在被贬回乡后严谨治学。同时，劝导子女和兄弟潜心读书，正直做人，平等待人。唐顺之的家书字字流露着真情，也体现了其家庭教育的示范教育和说服教育。

爱国爱民

唐顺之一生忠心爱国，英勇抗敌。在被削职回乡后，他在家中潜心治学。当时中国的巨商和海盗与倭寇相互勾结，倭寇们为了牟取厚利，大规模进行走私，肆意掠夺、侵犯中国百姓的财产。明朝百姓面

○ 唐顺之与总督胡宗宪等商议讨贼御寇的策略

○ 唐顺之率兵抗击倭寇

临倭寇抢掠的情况一直延续了五六年之久，却一直没有得到解决。唐顺之面对这样的现实也是气愤得吃不下饭，尤其令他发指的是他在苏州曾经目睹倭寇以刺刀刺杀百姓的婴儿作为消遣。他痛心疾首，决定放下书本，为民请命，决心要与倭寇拼个你死我活。唐顺之回到兵部复职后，立即制定了整顿这支无力抵抗外侮的军队的方案，然后与总督胡宗宪商议讨贼御寇的策略。唐顺之主张在海上截击倭寇的兵船，不让倭寇登陆，因为倭寇一旦登上陆地，百姓的田园屋舍、生命财产势必都要蒙受巨大损失。可见他心系百姓，时刻为民着想。同时，唐顺之大力监督朝廷派来征战倭寇的军队，严惩那些躲在港湾内不尽职尽守的官兵。严惩之下，这些拿了公家俸禄却又贪生怕死、贪图安逸的将官们都兢兢业业地认真尽责了，常因看见风帆就以为唐顺之的船来了，连忙整顿军容，不敢稍有懈怠。在唐顺之的带领下，抗击倭寇取得大捷，唐顺之却因连年征战抗击倭寇而积劳成疾，但他仍对朝廷忠心耿耿，处处为百姓着想，至死无悔。他的爱国精神对其子女以及后人影响深远。

▎潜心治学

唐顺之在朝廷为官时，虽谨慎行事，却几次被贬，但他从不气馁。在被贬回家后，他回到江苏宜兴的山中潜心治学，心静如水。为了远离城市的喧嚣，他又迁居到更僻远的江苏陈渡庄，闭门谢客，穿着简朴，潜心钻研《六经》、《百子史氏》等，甚至昼夜不分，废寝忘食。唐顺之的文章实践了自己的主张，文风简雅清深，兼用口语，不受形式束缚。在远离官场的日子里，唐顺之还学习射学算学、天文律历、山川地志、兵法战阵及兵家小技，博览群书。

与此同时，唐顺之不忘家中的弟弟唐正之，以"须苦切点检自家

○ 唐顺之被贬回乡后潜心治学

病痛"这句家训警醒弟弟要时常反思自己的行为，并且教导他善于发现自己的过错，检查自己的行为。唐顺之还强调读书要把心静下来，坚持抵抗外界的诱惑，严谨治学，同时还要吸取一般读书人的教训，做一个真正有才能的读书人，从而为国家建设和发展效力。

▌平等友善

被削职后，唐顺之迁居江苏宜兴的山中，居住在简陋的茅舍里。他日常穿着麻布衣服，晚上就睡在门板上，这样节俭质朴的生活，与普通人都是一样的。因居住在江南地区，交通往往是乘船，唐顺之就和一般乡民出入坐船，却不以曾经的官职身份示人，同船而行的人都不知道他的真实身份。有时候，哪怕他人有时言语上辱骂他，甚至在行动上欺侮他，他也不与其计较，更不会显露自己曾经做官的身份。

○ 同船而行的人都不知道唐顺之的真实身份

与此同时，他也时刻严格要求自己，对待他人平等友善。在生活上，他冬天不生火炉，夏天不用扇子，出门不坐轿子，床上不铺两层床垫。一年只做一件布衣裳，一个月只吃一回肉。他用这种自苦的办法使自己摆脱各种物质欲望的诱惑，以求平心静气地正确看待客观世界的一切，不以官位或财富来衡量自己的人生价值。唐顺之以身示范着他的平等友善待人的家教主张，给予家人及后世的影响甚为深刻。

唐顺之一生不仅能够以自苦的方法督促自己潜心读书，而且能够勉励家人严谨治学，踏实做人。唐顺之的"须苦切点检自家病痛"这句家训名言也时刻警醒今天的人们，做到己所不欲，勿施于人，同时启示现代社会人能够做到不骄不躁，不气不馁。

肆 参考文献

［1］瞿博主编.中国家训经典［M］.海口：海南出版社，1993：524—525.

［2］《诫子弟书》编委会.诫子弟书［M］.北京：北京出版社，2000：260—261.

［3］天人.中国历代名人家书［M］.呼和浩特：内蒙古人民出版社，2003：75.

（执笔：刘婷婷）

顾宪成家训

壹 内容选粹

原文

‖示淳儿帖‖

凡为父兄的，莫不爱其子弟；凡爱子弟的，莫不愿其读书进取。目今府县考童生①，汝弟方病疡②，度③未能赴，且所尚幼，何须着急？汝则长矣，往年又曾经考过来，而今岂能不重以得失为念。

然吾始终不欲以汝姓名一闻于主者，非恝然④于汝也，汝质尽可望进步，吾又非弃汝而不屑也，吾自有说耳。

何以言之？就义理上看，男儿七尺之躯，顶天立地，何如开口向人道个求字？孟夫子《齐人》一章便是这个行状⑤，至今读之尚为汗颜，不可作等闲认也。

就命上看，人生穷通利钝，即堕地一刻都已定下，如何增损得些子？眼前熙熙攘攘赴童生试的哪个不要做秀才，赴秀才试的哪个不要做举人，赴举人试的哪个不要做进士？到底有个数在。若是贵的可以势求，富的可以力求，那不会求的便没有份，造化亦炎凉也。

就我分上看，我本薄劣无尺寸之长，赖天之佑，祖父之庇，幸博一等，再仕再不效，有丘山之罪，然犹饱食暖衣，安享太平，在昔大圣大贤往往穷厄以老，甚而有囚有窜，流离颠沛不能自存者。我何人，斯不啻⑥过分矣！更为汝干进⑦耶，是无厌也。

就汝分上看，但在汝自家志向何如，若肯刻苦读书，到得功夫透彻，连举人进士也自不难，何有于一秀才？若又肯寻向上支要做个人……连举人进士也无用处，何有于一秀才？

汝试于此，绎⑧而思之，余其恝然于汝也耶？抑爱汝以德也耶？余其汝而不屑也耶？抑玉汝而进汝⑨以远且大也耶？此意本欲待汝自悟，恐汝究竟不察，谬生疑沮⑩，不得不分明道破，汝若能识得，省却了多少闲心肠，省却了多少闲气力，省却了多少闲悲喜，便是一生真受用也。记之，记之！

注释

① 考童生：考秀才。童生是指尚未考取秀才的读书人。
② 病疡（yáng）：肠胃有病。
③ 度：估计，预计。

④ 恝（jiá）然：漠不关心的样子。

⑤ 孟夫子《齐人》一章便是这个行状：孟子《齐人》这一章讲的就是男子汉要顶天立地，具有浩然正气，不可对别人低声下气。

⑥ 不啻（chì）：不只，不仅。

⑦ 干进：指钻营（求官等）。

⑧ 绎（yì）：理出头绪，探究。

⑨ 玉汝而进汝：玉，玉成。玉汝，帮助你干好某事。进汝，让你上进。

⑩ 谬生疑沮：错误地产生怀疑和悲观的思想。谬，不正确。沮，消极悲观。

译文

凡是作为父亲和兄长的人，都会爱护自己的儿子和弟弟；凡是爱护自己的儿子和弟弟的人，也都希望儿子和弟弟能够读书进取。我看到现在到府县考秀才的考生，由此想到你的弟弟肠胃有病，估计还不能去参加考试，而且他年龄还小，不需要那么着急。但你年龄稍大，去年又曾经参加过考试，现在又怎么能不去努力进取呢？

然而我自始至终不想把你的名字告诉主考官，这并不是对你漠不关心的表现，只是我认为你完全能够得到进步，我并不是想放弃你而对你不管不顾，我只是有我自己的想法而已。

为什么这么说呢？从义理上看，男儿七尺之躯，顶天立地，如何开口向人说个"求"字？孟夫子《齐人》这一章讲的就是男子汉要顶天立地，具有浩然正气，不可对别人低声下气。如今读这一章还是觉得震惊，不可作等闲辨认。

从命运来看，人生穷困潦倒还是通达万里，利落聪明还是愚钝不及，在出生落地的一刹那就已经决定了，如何增加或者损失到一丁点？眼前熙熙攘攘去参加秀才考试的人，哪一个不想做秀才？去参加举人考试的秀才，哪一个不想做举人？去参加进士考试的举人，哪一个不想做进士？也许里面有个别情况存在。如果权贵的可以用权势求人，富裕的可以用财力求人，那么不会去求人的便没有份，社会自然就是这样世态炎凉。

从我自己本身来看，我自己条件薄弱，处于劣势，没有一尺一寸的长处，全靠上天保佑，祖辈庇佑，才有幸获得这一官职。两次任职期间再不效力于天下，则有如丘山般的重罪，然而我尚且吃饱穿暖，安泰享乐，曾经的圣人贤人却常常穷困潦倒到老，甚至成为囚犯，流落街头，颠沛流离，以至于不能生存。我是什么人？这已经十分过分了！还要为你钻营求官，这也太贪得无厌不知满足了。

依你来看，你自己的志向是怎样的呢？如果你肯刻苦读书，能够将知识读得透彻清楚，中个举人或进士也不是很难，何止是成为秀才呢？如果你又肯积极向上，要做个真正的人……连举人进士也没有什么用处，何况是一个秀才？

你试着从这个思路进行思考，我难道对你漠不关心吗？还是用道德的方式来爱护你啊？我是放弃你而对你不屑吗？我想帮助你干好事情，让你上进，前途光明，志向远大。这些道理本来想要让你自己领悟，又恐怕你自己思考不清楚，错误地产生怀疑与悲观的思想和行为，所以不得不和你说明白这些道理。如果你能认识到这些，我便可以不用那么操心，省去了很多闲力气，也不用徒生悲伤，你也可以一生受用。记住！记住！

贰 背景简介

顾宪成（1550—1612），字叔时，号泾阳，世称"泾阳先生"或"东林先生"，南直隶无锡县（今江苏无锡）人，明朝东林学派创始人。明神宗万历八年（1580）中进士，官至吏部文选司郎中。后革职还乡，与弟允成和高攀龙等在东林书院讲学著述，顾宪成和赵南星、邹元标号为"三君"。著

○ 顾宪成

有《小心斋札记》、《泾皋藏稿》、《顾端文遗书》等。

顾宪成出身于江苏无锡的一个贫寒家庭。父亲顾学开了个豆腐作坊，但因家庭人口多，常常入不敷出。艰苦的环境反而激发了顾宪成奋发读书的决心和进取向上的志向。顾宪成从小好学，善于独立思考。后师从王阳明三传弟子张淇。顾宪成虽师从王门弟子，但他崇尚实学，提倡"躬行"，反对空谈心性，志在世道。他一生的主要贡献是创建东林书院，与高攀龙、钱一本、史孟麟等在此讲学。顾宪成认为士大夫要关心朝廷，关心民生，关心世道。张贴在书院门楹上的"风声、雨声、读书声，声声入耳；家事、国事、天下事，事事关

心"的对联，就是东林学派的讲学宗旨，也表现了他们对社会的关注。当时社会风气不正，没有是非观念，注重私利。顾宪成对此愤愤不平，主张将社会现实和书本知识结合起来研究。

顾宪成是当时的"三君"之一，正直耿介。家书《示淳儿帖》写的是由于儿子应试不第，但顾宪成绝不为儿子求情，而是教导儿子要学好本领，成为有真才实学的人，凭着自己的努力去开拓人生的道路，并且教育儿子不得沾染凭借权势财物钻营求官的社会恶习，强调不可同流合污，争取做个正直而有才能的人。本篇家训极具社会现实意义，告诉人们要学会不要与社会不正之风同流合污，要有自己的立场与观点，切勿趋炎附势，仗势欺人。

叁 延伸阅读

《示淳儿帖》是顾宪成家训的代表作，也是顾宪成家庭教育思想的精华。其中包含了顾宪成作为父亲教育孩子领悟读书治学、做人处世以及考学求仕的道理的内容，同时也深刻体现了顾宪成家庭教育的重要方法，包括慈爱教育和说服教育等，处处流露着真情实感，言辞感人肺腑。

蒙以养正

顾宪成为人正直，也严格要求儿子潜心治学，做一名正直之士。顾宪成在朝廷为官时，刚正不阿，清廉自守，关注民生。顾宪成如此关心体察民情，关心国事，这或多或少受到家庭环境以及父亲顾学的影响。因此，在他为官期间，哪怕遭受诬告，贬官外放，甚至削职还乡，顾宪成固然不去张口说一个"求"字。其弟顾允成被削职回乡，也不去求人做官，毅然与顾宪成回乡讲学。顾宪成在家书《示淳儿帖》中也说道，他不希望别人从他的嘴里听到他儿子的名字，他不愿意为其子当官求情，而是要求儿子潜心读书，成为一个有真才实学的人。他一再嘱咐儿子切不可与社会不正风气同流合污，切不可为了官位或财富去张口乞求他人，要争取做一个正直而又有才能的读书人。

严谨治学

顾宪成潜心治学，创立了"东林学派"。早年他家里人口较多，家境贫寒。正是这样困苦的环境促使顾宪成自幼勤奋好学，奋发读书。当被削职回乡时，顾宪成提倡维修了东林书院，并以东林书院为

○ 东林书院

阵地，通过讲学、论辩、研讨、撰文和出书等，发表自己的政治主张。他将读书和议政结合起来教学，从而吸引了许多有志之士，其中包括一些批评朝政而被贬职的官吏纷至沓来，以至于东林书院都容纳不下。东林书院因此名声大噪，许多朝廷官员纷纷上书，向皇上推荐重新启用顾宪成，顾宪成被任命为南京光禄寺少卿，但他却不肯受命，选择继续留在东林书院治学、讲学，为国家和朝廷培养了许多有用人才。顾宪成强烈反对王阳明的"心学"，给予猛烈的抨击，他反对空谈心性，提倡学用一致的新学风，从而推动了中国实学思潮的发展。

| 心系国家

顾宪成一生刚正不阿，忧国忧民。他曾经说："在朝廷做官，志向并不在皇上，在边地做官，志向不在民生，居于水边林下，志向不在世道，君子是不这样做的。"可见顾宪成敢于谏言，关心百姓疾苦，关注社会现实。后来，顾宪成被削职返乡，在家乡无锡和其弟允成提倡维修东林书院，此事得到了常州知府和无锡知县的支持。同时，他们在重修的东林书院重振旗鼓，讲学议政，心系危难中的国家，反映了顾宪成等东林人士"以天下为己任"的精神，以及身居林下读书讲学而不忘国家安危、百姓疾苦的忧患意识。

一生刚正不阿的顾宪成，要求家人为人处世正直踏实。他关注民生，"以天下为己任"的爱国精神，在家训《示淳儿帖》中也表露无遗，他叮嘱孩子不可与社会不正之风同流合污，要做有真才实学的读书人。

肆 参考文献

［1］翟博.中国家训经典［M］.海口：海南出版社，1993：563—565.

［2］《诫子弟书》编委会.诫子弟书［M］.北京：北京出版社，2000：302—304.

［3］步近智，张安奇.顾宪成高攀龙评传［M］.南京：南京大学出版社，2001：292—294.

［4］徐少锦，陈延斌.中国家训史［M］.西安：陕西人民出版社，2003：479—489.

（执笔：刘婷婷）

高攀龙家训

壹 内容选粹

原文

‖ 高忠宪公家训（节选）‖

　　作好人，眼前觉得不便宜^①，总算来是大便宜；作不好人，眼前觉得便宜，总算来是大不便宜。千古以来，成败昭然^②如此，迷人尚不觉悟，真是可哀！吾为子孙发此真切诚恳之语，不可草草看过。

　　不可专取人之才，当以忠信为本。自古君子为小人所惑，皆是取才，小人未有无才者。

　　以孝弟为本，以忠信为主，以廉洁为先，以诚实为要。

　　临事让人一步，自有余地；临财放宽一分，自有余味。

　　善须是积，今日积，明日积，积小便大。一念之差，一言之差，一事之差，有因而丧身亡家者，岂可不畏也！

言语最要谨慎，交游最要审择③。多说一句，不如少说一句；多识一人，不如少识一人。若是贤友，愈多愈好，只恐人才难得，知人实难耳。语云："要做好人，须寻好友。引酵若酸④，哪得甜酒？"又云："人生丧家亡身，言语占了八分。"皆格言也。

古语云："世间第一好事，莫如救难怜贫。"人若不遭天祸，舍施能费几文？故济人不在大费己财，但以方便存心。残羹剩饭，亦可救人之饥；敝衣败絮，亦可救人之寒。酒筵省得一二品，馈赠省得一二器，少置衣服一二套，省去长物⑤一二件，切切为贫人算计，存些赢余以济人急难。去无用可成大用，积小惠可成大德，此为善中一大功课⑥也。

注释

① 不便宜：吃亏，不划算。
② 昭然：显著，明显的样子。
③ 审择：慎重选择。
④ 引酵若酸：以酵为酵母做酒。
⑤ 长（cháng）物：多余的东西。
⑥ 功课：基本功夫。

| 译文

做一个好人，眼前觉得吃了亏，总体算来是不会吃亏的；做一个不好的人，眼前觉得不吃亏，总体算来反而吃了大亏。千古以来，成功或失败一目了然，如此迷惑的人尚且还没醒悟，真是悲哀！我为我的子孙们发出如此真切诚恳的话语，不可以一看而过。

做人不可以专取才能，应该以忠诚信实为根本。自古以来，君子被小人迷惑，都是专取其才能，而小人哪一个是没有才能的。做人要以孝悌为本，以忠义为主，以廉洁为先，以诚实为重要。

遇到事情让别人一步，自己也会留有余地；遇到财富放宽一分，自己也会留有财富。善需要积累，今天积累，明天积累，积小成大，积少成多。一个信念的差错，一句话的差错，一件事的差错，有因此失去性命、家破人亡的，难道这不令人畏惧吗？

说话最需要谨慎，交友最需要审视选择。多说一句不如少说一句，多认识一个人不如少认识一个人。如果是圣贤之人，越多越好，只恐怕人才难得，了解他的为人实在太难了。俗话说："要做一个好人，必须寻找圣贤之友，如果用来发酵的酒曲变质酸了，怎么能得甜酒呢？"又有说："人的一生家破人亡，说话过错占了八分。"这些都是至理名言啊！

古语说："最好的事情莫过于救济难民怜悯穷人。"人如果不遭天灾，施舍又能浪费几文钱？因此救济他人不是浪费自己的钱财，而是积善成德。残羹剩饭，也可以救济饥饿的人们；破衣褴褛，也可以帮助他人驱寒。酒宴上节省下来的一两件物品，馈赠节省下来的一两件器物，少做一两套衣服，节省下来的多余东西，都可以救济穷人，存一些多余的钱财帮助急难中的人们。将无用的东西节省下来可以变成大用处，积攒小恩惠则可以变成大恩德，这是为善的基本道理！

贰 背景简介

高攀龙（1562—1626），字存之，又字云从、景逸，世称"景逸先生"，江苏无锡人，明朝政治家、思想家，东林党领袖，"东林八君子"之一，后人尊称"高忠宪公"。著有《高子遗书》12卷，以及《周易易简说》、《春秋孔义》、《正蒙释》、《二程节录》、《水居诗稿》、《毛诗集注》等书。

○ 高攀龙画像

高攀龙的父亲高继成有五个子女，高攀龙排行老二，后因祖父高静成的弟弟高静逸无子而被过继为嗣。高攀龙自幼好读书，懂礼仪。万历十四年（1586），顾宪成前来无锡讲学，高攀龙受其影响，开始潜心研究"程朱理学"。万历十七年，高攀龙中进士。后因反对奸党魏忠贤被革职。他与顾宪成在无锡东林书院讲学，时称"高顾"，后遭魏忠贤迫害，被人追捕投水身亡。高攀龙在学术思想上的最大贡献，在于提倡"治国平天下"的"有用之学"，反对王学的"空虚玄妙"。无论在朝在野，高攀龙时刻关注国家的命运，关心百姓的生活，在邪恶面前捍卫了自己的政治理想，保持了清正廉洁的崇高气节。

高攀龙所著的《高子遗书》分为12卷，附录1卷。初自辑其语录文章为《就正录》，后其门人嘉善陈龙正编为此集，凡分十二类。一曰语，二曰札记，三曰经说辨赞，四曰备仪，五曰语录，六曰诗，七曰疏揭问，八曰书，九曰序，十曰碑传记谱训，十一曰志表状祭文，十二曰题跋杂书。附录志状年谱一卷。高攀龙认为，"只思量作得一个人"是最重要的。做人要孝悌、忠信、廉洁、诚实、言语谨慎、交友审择、常思己过以及自我更新，正所谓是"一番经历，一番进益"。此处仅选择其中关于做人、交友、进德部分的内容，读之极富启迪价值。

叁 延伸阅读

高攀龙的《高子遗书》共12卷，其中《高忠宪公家训》是其家庭教育思想的精华。《高忠宪公家训》不仅强调为人处世的基本道理，还叮嘱家人以及后人严谨治学，关注社会现实，尽自己所能帮助他人，体现了高攀龙作为朝廷官员，重视民生，体恤民情，关注国家命运，颇有爱国爱民的伟大精神。

忠心爱国

高攀龙为了挽救明王朝的统治危机，广招人才，他以忠信为根本，重用正人君子。高攀龙在东林讲学的过程中，勇于议政，严谨治学。即使遭受贬官外放，他仍四处体察民情，关注民生。他无论在朝在野，时刻关心民生，关注国家的命运。同时，高攀龙坚持用"程朱理学"丰富自己的学说，努力为国家培育有用之才。高攀龙独特的用人思想主张，在明末社会人才选拔方面产生了一定的效果。

读书治学

高攀龙为官期间，每天大量阅读经典，但是他仍感"读书虽多，心得却少"，于是改用半日读书半日静坐的方法来涵养德性，此后几十年从未间断。高攀

○ 高攀龙纪念馆

龙的"静坐说"并非一味地讲静，而是"以静为主，动静教养"。他力倡通过读书穷理来完善自身的道德修养，将读书和静坐结合起来。他常在静坐中及时反省自己的所行所为，正如他在《夏日闲居》中所说："长夏此静坐，终日无一言。"因此，高攀龙为官时，始终保持清正廉洁，不贪图安逸。

高攀龙被削职回乡后，因与顾宪成兄弟俩志同道合，友谊颇深，于是和他们一起在东林书院讲学。东林书院初由顾宪成主持，顾宪成去世后，改由高攀龙主持，直至书院被拆毁为止。高攀龙始终将"修身、齐家、治国、平天下"作为他毕生追求的政治理想。

做人之道

高攀龙认为，人生在世，"只思量作得一个人"。在教导儿子高

世儒时，他强调首先要成为一个人，一个人不仅要懂得孝悌，忠心爱国，诚实守信，还要言语谨慎，常思己过，怜悯他人。高攀龙在东林书院讲学时，用自己的政治理想和人格标准来评议朝政，裁量人物，力求为国家培育有用人才。作为明王朝曾经的高官，他因不愿被诬告贪污而被凌辱，于是投进池塘自尽。高攀龙留了封遗嘱告诉子孙：他虽然被罢免官职，但过去曾是朝廷大臣。大臣不可以被侮辱，因为大臣被辱等同于国家受辱。现在他只有恭敬地面北叩首，以效仿屈原的遗愿，希望有人能够将这封信带给皇帝。可见高攀龙不屈不挠，对国家忠心不二，至死不悔。因此，他在《高忠宪公家训》中嘱咐儿子高世儒要忠心爱国，诚信做人，友善待人，不可奢靡浪费，要养成勤俭节约的习惯，并且要怜悯他人，给予穷人及落魄之人力所能及的帮助。

高攀龙还主张"少杀惜生"。他认为："少杀生命最可养心，最可惜福。……供客勿多肴品，兼用素菜，切切为生命算计。"这一观点体现了其爱惜生命、长养仁慈的独特主张。

高攀龙独特的家庭教育思想深刻警醒世人，不管身处何职何位，要谨记为人处世的基本道理，审思己过，言语谨慎，脚踏实地，勤奋读书，友善待人，爱惜生命。

肆 参考文献

［1］翟博.中国家训经典［M］.海口：海南出版社，1993：566—569.

［2］赵振.中国历代家训文献叙录［M］.济南：齐鲁书社，2014：242—243.

［3］步近智，张安奇.顾宪成高攀龙评传［M］.南京：南京大学出版社，2001：
　　　295—300.

［4］包东坡.中国历代名人家训精粹［M］.合肥：安徽文艺出版社，2010：
　　　240—244.

［5］徐少锦，陈延斌.中国家训史［M］.西安：陕西人民出版社，2003：518.

（执笔：刘婷婷）

席氏家训

壹 内容选粹

原文

‖ 教子读书篇 ‖

凡幼稚之时，初入学必从明师开蒙，庶①句读②皆得其正。四书本经，务令熟读，颇知文意即与讲解，他日学为文字自然豁达……凡我山乡，但有二三子，可将一子稍敏者专于读书，昼夜苦攻，必有成者。

注释

① 庶：希望。

① 句读（dòu）：古时称文辞停顿的地方叫句或读。连称句读时，句是语意完整的一小段，读是句中语意未完、语气可停的更小的段落。古代行文一般不用标点，因此需要"明句读"，这是中国古代学习文章的基础入门功夫。

| 译文

大凡孩子幼小的时候，初次进入塾馆求学一定要请优秀的老师来进行启蒙教育，希望孩子对最基础的知识如句读等都能够正确无误地掌握。四书等基本的经书，一定要让孩子熟读熟记，等到了能够知道文章内容的时候，要立即给孩子进行讲解，这样日后他学习读书作文的时候就自然会豁然开朗通达流畅……大凡我们山间乡村，只要家里有两三个孩子的，应当挑选孩子中天资聪慧灵敏的让他专心读书，只要白天夜晚刻苦攻读，将来一定会有所成就。

| 原文

|| 教子营生篇 ||

凡生子未冠之时，上不能攻书，下不能务农，年不及十五六岁，须烦亲识带领出外，早学生理。自幼琢磨，庶肯受人之教，他日必有成也。

| 译文

大凡孩子尚未成年的时候，往上不能刻苦读书，往下不能老实务农，年纪又不到十五六岁，这时应该麻烦亲属或相识之人让他们带着孩子外出，早日学会生存本领。如果从小肯多加琢磨，又能够接受别人教导，他长大之后一定会有收获。

| 原文

‖ 经营篇 ‖

不论资本多少，惟要勤谨……莫贪花酒，以误营生。勿学赌博，靡费资本。凡交易买卖，切不可使低银，但用成色搭使，止可用九成甚至八成为止，其余六七成及对倾鼎银决不宜用。

| 译文

经营生意，不管资本多少，必须要勤奋谨慎……千万不要贪念酒色，以致耽误生意经营。千万不要学会赌博恶习，白白浪费钱财。大凡交易购物，万万不可使用成色不足的银两，即使使用混色银两，也应该九成成色，最低不能低于八成，六七成乃至倾鼎银绝对不可使用。

贰 背景简介

在苏州洞庭东山，席家是名门望族，无论在商界、政界、学界，世代均名人辈出，蔚为壮观，堪称奇迹。特别是从清末到民国这一时期，席氏族人曾经长期执掌上海金融市场的牛耳，形成"钻天洞庭商帮"。在中国近现代社会经济急剧变化的历史舞台上，洞庭商帮远远超过曾经风光无限的徽商、晋商、粤商。席氏家族代表性历史名人遍布商界与学界、政界，例如曾任上海汇丰银行买办的席正甫，曾任中国银行总经理的席德懋，曾任民国时期中央造币厂厂长的席德柄，曾创建中国图书公司与集成图书公司、创办点石斋印书局的席子眉、席子佩等，洞庭东山席氏成为上海滩赫赫有名的买办家族、金融世家、出版巨头。

在洞庭东山席氏家族发展历史上，明朝万历年间的席洙（1516—1582）是一位承前启后的关键人物，他是东山洞庭席氏第27世。席洙对家族的贡献不在于积攒了多少钱财，也不在于拥有多大权势，而在于立功立德之外的"立言"：他集数年之力，用心编写了一部名叫《居家杂仪》的书。该书成稿于明朝万历元年（1573），全书分上下两卷，计121条，包括修齐（立身、治家）2条、彝伦13条、教训11条、婚礼8条、家事12条、粮差3条、商旅3条、医道3条、戒约19条、慈让10条、初丧7条、司葬25条。席洙的《居家杂仪》，其名称直接沿用了在后世具有广泛影响的北宋司马光编写的《居家杂仪》，其内容也有一定的传承性。从万历年间起，席氏族人将此奉为家训，世代记诵遵循。席氏家训为席氏族人非富即贵、名人辈出奠定了家族教育的理论基础，提供了为人处事的行动指南。作为儒商家训的代表，席氏家训有别于仕宦世家、耕读传家的家训，其儒商并重、尊重天赋、以义取利、服务社会、热心公益等特征，既有历史的先进性，又有现实的针对性。

叁 延伸阅读

洞庭东山席氏自唐末大将军席温从北方迁居以来，聚庐托处其间，子姓繁衍，耕读渔樵，勤劳致富，逐渐成为当地巨姓。明清以来，席氏家族在商界声名崛起，富商巨贾层出不穷。到了清末，部分席姓子弟来到通商口岸上海，开始了十里洋场的商业搏击并获得巨大成功，影响深远。纵观家族发展史，席家是中国历史上典型的儒商型文化世家，家族通过科举进入仕途，通过经商振兴家业，虽然获得的科举功名的数量和层次不及仕宦型科举世家，但他们始终没有放弃商业，经商与科举是家族内部分工合作、永葆家族兴旺的两个重要支柱。

▏以家训为圭臬

席氏后人在经商与科举两个方面相得益彰、各显神通、名人辈出，这与席氏家训《居家杂仪》有着不可分割的联系。《居家杂仪》上下两卷共121条，千百年来一直被席氏家族成员奉为人生圭臬。席洙当年编著时就对族人提出了明确要求："夫人以一身而应万事，必有礼以节之，然礼不可僭议俗未易遽更。予山之鄙人也，惟以身先之而已。于是自冠婚丧祭以至日用常行之所宜者，纂而集之名曰《居家杂仪》。杂者，言其大略也……凡我族众其盖从而守诸。"他的意思就是：一个人活在这个世界上，以自己一个人而要应对诸多人生事宜，必须要用一套礼仪规范来节制自己。这个礼仪不能僭越议论，约定的风俗不可以随便更改。为规范家族成员成年、婚丧、祭祀等礼仪乃至日常生活作息的言行举止，我专门编写这本《居家杂仪》。希望家族所有成员都要遵从而严守。

中国古代封建社会将人分士农工商。读书科举取士做官，这是正途大道，排在首位。其次是务农，农为国家根本、社会基础、衣食所依。再次是手工业者，即卖浆引车之流，奇技淫巧之徒。最次的是经商之人，好像经商不是正当行业，商人逐利，到处流荡，且无商不奸、无奸不商。我们从所选的三则家训内容来看，席氏家训当然反映了封建家族对读书的重视，但他们倒远没有"万般皆下品，唯有读书高"那般偏执。他们重视读书，但也不排斥经商营生。不去科场，即去商场；不能攻书，就去经营。一个家庭，一个家族，乃至一个社会，一个国家，合理的社会分工，既是生活的需要，也是各显其能的必然。士农工商，既促进社会不同阶层自由流动、平等竞争，也带动社会分工和谐发展、各取所需。席氏家训，既坚守耕读传家的传统，耕是生存之本，读是发达之基；也尊重社会发展规律与人才成长规律，不断适应经济社会发展需要，劝导族人行走仕或富或贵的人生道路上，以实现家族所有成员的不同梦想。学以居位曰士，读书做官，以清高相标榜；经商货财为商贾，倒卖贩运，以趋利为旨趣。士与商，两者似为歧路陌途，但席氏子弟从家训中体认到了或士或商的选择从容，他们真正做到了士商关系融洽，跨越商儒界限，以立身利世为本，几百年家业兴盛、家产丰厚、家声长振。虽然从席洙编著《居家杂仪》至今已经横跨几个世纪，但席氏家训无疑仍具有积极的现实意义，正如一副对联说的那样：读书好营商好效好便好，创业难守成难知难不难。

｜ 名人辈出

席氏子弟恪守祖训，把《居家杂仪》中家族先人在为人处世、安身立命、创业守成、兴家睦邻等方面的训诫，视为每个家族成员的人生准则，世代传承，念兹在兹，内化于心，外化于行。千百年来，席氏后人无论经商求学，均能良行于己、积福与家，富甲一方、造福乡邻，利国利世、家声常振，乃至于清代状元石蕴玉如此评说席家："群萃州处，蔚为望族，吴中世泽之久长，无有出其右者。"

在群星闪耀、世代赓续、不绝如缕、或富或贵的席氏后人中，席端樊、席端攀与席佩兰、席正甫，在彰显家训特征、凸现家族特色方面具有一定的典型性。

席端樊、席端攀，席洙之子，生于明嘉靖年间。洞庭席氏真正盛名于商界，始于席端樊、席端攀。席端樊，字公超，号左源。席端攀，字公援，号右源。兄弟俩自幼在家乡私塾读书，端樊聪明有悟性，记忆力好，过目成诵；端攀比较内向，沉静敦厚。席洙年事渐高之后，因大家族人口众多，经济压力较重，此时端樊果断辍学，放弃儒业外出经商。席洙去世那年，端樊17岁，端攀只有13岁。此时端樊已经在商界学徒几年，他为人机警，办事敏捷，有心计。而端攀虽年小但忠厚勤劳、踏实刻苦。兄弟俩彼此互补，同心协力联手共创家业。他们以辗转贩运为主业，经商范围极为广阔，将南方的棉布运销北方、北方的土产运销南方，在水路沿线设立无数店铺，构成遍布各地的营销网络。经过几十年辛苦经营、南北驰骋，兄弟俩大兴席氏家业，一时在商界声名鹊起、生意兴隆，成为东山乃至整个江南地区的巨商富贾。因为他们各号左源、右源，当年商界不呼其名，但无人不知洞庭东山左源、右源。他们身后，东山席氏分左源一支、右源一支，世代子承父业，富甲一方，绵延数代，直至晚清、民国，历时数百年。

席佩兰，《辞海》收有"席佩兰"词条："席佩兰，清女诗人，名蕊珠，字月襟，又字韵芬、道华、浣云，佩兰为其自号。昭文（今江苏常熟）人，诗人孙

○ 席正甫祖孙三代连任上海汇丰银行第二、三、四任买办，长达55年，被称为买办世家。

原湘妻。为袁枚女弟子，故习其性灵之说。亦善画兰，有《长真阁诗槁》、《傍杏楼调琴卓》。"席佩兰是席氏第34世，祖父为席鏊。席鏊是清雍正年间举人，其兄席钊是雍正年间进士。兄弟俩相继高中举人、进士，在席氏家族史上自然具有里程碑意义，家族文脉由此隆起且延续。席佩兰作为女性，在封建社会中能够接受良好教育，继而走出家门，以诗画名盛一时、传之后世，实属罕见。后人称誉她是"随园女弟子中之翘楚也"，诗名"实清二百余年闺阁中的俊才"。席佩兰的弟弟席世昌也曾高中举人，有《席氏读说文记》15卷传世。

席正甫，席氏第37世，名素贵，字缙良，1840年生于洞庭东山。席正甫生活、成长的时代，中国社会正经历着剧变。鸦片战争、太平天国运动、洋务运动等重大历史事件，促使一批中国人开始睁眼

看世界，思考国家的命运、民族的前途、社会的未来。那时的上海开埠不久，来自不同国家、不同地域、不同职业、不同身份乃至不同肤色的各色人等大量集聚，怀抱着各自的人生梦想。年仅十四五岁的席正甫，就是在这种时代背景中离开故土东山来到上海的。席正甫从学徒开始，一方面秉承家族血脉里流淌的经商天赋，另一方面抓紧学习洋务知识、熟悉西方金融事务，以适应与紧跟不断变化的时代新步伐。上海开埠后，一大批外国银行开始在此设立办事处或分行。1860年，20岁的席正甫进入汇丰银行。当时国人只知道钱庄，对银行还很陌生。在汇丰银行任职14年后，席正甫升任汇丰银行买办（所谓买办，通俗地讲，就是外商选择某些中国人，由其代理买卖，简称"买办"。他既是外商的雇员，也是独立商人），由此席氏家族开始了与汇丰银行长达半个世纪的合作。汇丰银行作为英国银行团的重要成员，长期以来是远东最大、最有经验、最具声誉的一家银行，鼎盛时期曾在中国开设13家分行。席正甫借助汇丰银行这个平台，与清廷高官如李鸿章、左宗棠、沈葆桢等均过往甚密。后来在李鸿章的保荐下，席正甫还获得过清廷二品红顶花翎。席正甫是一位颇富韬略的商人，在生意场上他长袖善舞、左右逢源，对政界、军界、商界、洋界等方方面面均能做到灵活周旋、恰到好处。1874到1905年，席正甫稳坐汇丰银行买办之位30年。1905年席正甫去世后，他的儿子席立功从1905至1922年继任汇丰银行买办17年，此后席立功又把买办一职传给儿子席鹿笙，直至1929年。祖孙三代在这样一个世界著名的外资银行世袭买办长达55年，历史之久，世所罕见。

肆 参考文献

［1］马学强. 江南席家——中国一个经商大族的变迁［M］.北京：商务印书馆，2007.

［2］徐茂明等. 明清以来苏州文化世族与社会变迁［M］.北京：中国社会科学出版社，2011.

［3］张乃格. 江苏民性研究［M］.南京：江苏人民出版社，2004.

（执笔：孙家文）

顾炎武家训

壹 内容选粹

原文

‖ 廉 耻 ‖

吾观三代①以下，世衰道微，弃礼义捐②廉耻，非一朝一夕之故。然而松柏后雕于岁寒，鸡鸣不已于风雨，彼昏之日，固未尝无独醒之人也！顷读《颜氏家训》有云："齐朝一士夫尝谓吾曰：'我有一儿，年已十七，颇晓书疏，教其鲜卑语及弹琵琶，稍欲通解，以此伏事公卿，无不宠爱。'吾时俯而不答。异哉，此人之教子也！若由此业自致卿相，亦不愿汝曹为之。"嗟乎！之推不得已而仕于乱世，犹为此言，尚有《小宛》③诗人之意，彼阉然媚于世者，能无愧哉？

古人治军之道未有不本于廉耻者。《吴子》④曰："凡制国治军，必教之以礼，励之以义，使有耻也。夫人有耻，在大足以战，在小足以守矣。"《尉缭子》⑤言："国必有慈孝廉耻之俗，则可以死易生。"而太公对武王："将有三胜，一曰礼将，二曰力将，三曰止欲将。"《后汉书》："张奂为安定属国都尉⑥。羌豪帅感奂恩德，上马二十四匹，先零酋长又遗金鐻⑦八枚，奂并受之，而召主簿于诸羌前，以酒酹⑧地曰：'使马如羊，不以入厩；使金如粟，不以入怀。'悉以金、马还之。羌性贪而贵吏清，前有八都尉率好财货，为所患苦，及奂正身洁己，威化大行。"呜呼，自古以来边事之败，有不始于贪求者哉？

杜子美诗："安得廉颇将，三军同晏⑨眠！"一本作"廉耻将"，诗人之意未必及此。然吾观《唐书》，言王伾⑩为武灵节度使，"先是土蕃欲成乌兰桥，每于河壖⑪先贮材木，皆为节帅遣人潜载之，委于河流，终莫能成。蕃人知伾贪而无谋，先厚遗之，然后并役成桥，仍筑月城守之。自是朔方御寇不暇，至今为患，由伾之黩货⑫也！"故贪夫为帅，而边城晚开。得此意者，郢书燕说⑬，或可以治国乎！

注释

① 三代：夏、商、周。
② 捐：抛弃，舍弃。
③ 《小宛》：《诗经》中的一首诗篇名。这首诗的内容是士大夫遭遇乱世，教导其子为善。

④《吴子》：我国古代兵书，相传为战国时吴起所作。引文见《吴子·图国》。

⑤《尉缭子》：我国古代兵书，相传为战国时尉缭所作。引文见《尉缭子·战威》。

⑥ 张奂：东汉后期凉州名将。安定：郡名，治所临泾在今甘肃镇原东面。属国都尉：官名，在边远郡设置，相当于郡太守。

⑦ 鐻（qú）：金属制的环。

⑧ 酹（lèi）：以酒洒地，表示祭奠。

⑨ 晏：晚。

⑩ 王伾：唐宪宗时将领。

⑪ 壖：河边地。

⑫ 黩（dú）货：贪财。

⑬ 郢书燕说：比喻牵强附会。

译文

我考察自夏商周以来，社会和道德日益衰微，礼义廉耻被抛弃，不是一朝一夕的事了。但是凛冽的冬寒中有不凋的松柏，风雨如晦中有警世的鸡鸣，那些昏暗的日子中，实在未尝没有独具卓识的清醒者啊！最近读到《颜氏家训》上有一段话说："齐朝一个士大夫曾对我说：'我有一个儿子，年已17岁，颇能写点文件书牍什么的，教他讲鲜卑话，也学弹琵琶，使之稍为通晓一点，用这些技能侍候公卿大人，到处受到宠爱。'我当时低头不答。怪哉，此人竟是这样教育儿子的！倘若通过这些本领能使自己做到卿相，我也不愿你们这样干。"唉！颜之推不得已而出仕于乱世，尚且能说这样的话，还有《小宛》诗人的精神，那些卑劣地献媚于世俗的人，能不感到惭愧吗？

古人治军的原则，没有不以廉耻为本的。《吴子》说："凡是统治国家和管理军队，必须教军民知道守礼，勉励他们守义，这是为了使之有耻。当人有了耻，从大处讲就能战，从小处讲就能守了。"《尉缭子》说："一个国家必须有慈孝廉耻的习尚，那就可以用牺牲去换得生存。"而太公对答武王则说："有三种将士能打胜仗，一是知礼的将士，二是有勇力的将士，三是能克制贪欲的将士。"《后汉书》上记载："张奂任安定属国都尉，羌族的首领感激他的恩德，送上马24匹，先零族的酋长又赠送他金环8枚，张奂一起收了下来，随即召唤属下的主簿在羌族众人的面前，以酒洒地道：'即使送我的马多得像羊群那样，我也不让它们进马厩；即使送我的金子多得如粟米，我也不放进我的口袋。'把金和马全部退还。羌人生性重视财物，也尊重清廉的官吏，以前的八个都尉大都贪财爱货，为羌人所怨恨，直到张奂正直廉洁，威望教化才得到了发扬。"唉！自古以来，边疆局势的败坏，难道不是从贪求财货开始的吗？

杜甫诗说："安得廉颇将，三军同晏眠！"有一种刻本作"廉耻将"，诗人本来未必想到这点。但我读《唐书》，讲到王伾做武灵节度使时，以前吐蕃人想造乌兰桥，每次在河边岸上事先堆积木材，都被节度使派人暗暗地运走，投入河流，桥始终没有造成。吐蕃人了解到王伾贪而无谋，先重重地贿赂了他，然后加紧赶工造成了桥，并且筑了小城防守。从此以后北方防御来寇的战事就没完没了，至今还成为边患，都是由于王佖的贪财引起的。所以贪财的人作将帅，便使得边关到夜间也大开城门，无人防守。懂得这个道理，即使是郢书燕说式的穿凿附会，或许也可以治国吧！

武 背景简介

○ 顾炎武

顾炎武（1613—1682），原名绛字宁人，南直隶苏州府昆山千灯镇（今江苏昆山）人。明末清初杰出的思想家、经学家、史地学家和音韵学家，与黄宗羲、王夫之并称为明末清初"三大儒"。因为仰慕文天祥学生王炎午的为人，改名炎武。因故居旁有亭林湖，学者尊其为亭林先生。

顾炎武原为顾同应之子，曾祖顾章志。顾氏为江东望族，徐乾学、徐秉义、徐元文三人是顾炎武的外甥，兄弟三人皆官贵文名，号称"昆山三徐"。顾炎武过继给去世的堂伯顾同吉为嗣，寡母是王逑之女，独力抚养顾炎武成人，教以岳飞、文天祥、方孝孺忠义之节。顾炎武14岁取得诸生资格后，便与同里挚友归庄共入复社。二人个性特立耿介，时人号为"归奇顾怪"。顾炎武一生辗转，行万里路，读万卷书，创立了一种新的治学方法，成为清初继往开来的一代宗师，被誉为清学"开山始祖"。顾炎武学问渊博，于国家典制、郡邑掌故、天文仪象、河漕、兵农及经史百家、音韵训诂之学，都有研究。晚年治经重考证，开清代朴学风气。其学以博学于文、行己有耻为主，合学与行、治学与经世为一。他继承明季学者的反理学思潮，不仅对陆王心学作了清算，而且在性与天道、理气、道器、知行、天理人欲等诸多范畴上，都显示了与程朱理学迥异的治学旨趣。其主要作品有《日知录》、《天下郡国利病书》、《肇域志》、《音学五书》、《亭林诗文集》等。

此处摘选的《廉耻》一文选自《日知录》第13卷，顾炎武在其中引经据典地阐释了"礼义廉耻"于国于己的重要性，成为传之后世的宝贵思想遗产。

❸ 延伸阅读

顾炎武身为心怀家国的爱国义人，从小就受到了良好的道德教育，一生光明磊落，清廉正直。他不但身体力行，而且谆谆教诲，行之于文。他的诗

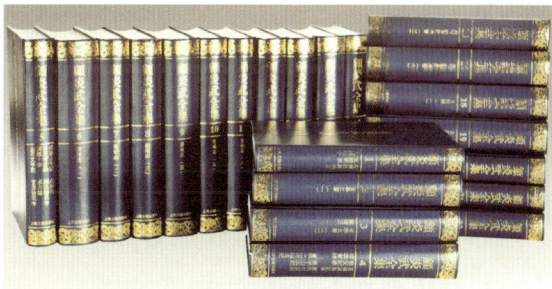

○ 《顾炎武全集》

文和读书札记中涉及道德修养的内容很多，可见其对于道德品质和自身修养的重视。

| 去奢崇俭，倚重廉士

在当时的历史条件下，崇儒与尚俭是相辅相成的，这是顾炎武

在封建社会中关于如何移风易俗所坚持的基本观点。在具体操作层面上，顾炎武主张在关键岗位上任用廉俭之士；以廉俭作为选拔官僚的重要条件，官风便能立变。顾炎武在《日知录》卷十三《俭约》中列举了曹魏时毛玠选举与唐代杨绾拜相两个例子。毛玠青年时作县令，因清廉公正而受称颂，曹操汉末为丞相时任他为主持选举的东曹掾，他在任时均选用清廉正直的人，务必用节俭作人们表率，因此天下的士人，没有谁不以廉正节俭勉励自己，即使身份高贵、深受宠信的大臣，车子服饰也不敢超过限度。曹操感慨道："如果官僚个个都能严格自律，那么宰相就无事可做了！"唐代的杨绾为官，一向以"质性贞廉，车服俭朴"闻名。唐代宗时，官僚普遍奢侈，唐代宗拜杨绾为宰相，不过数月，整个朝廷风气大变：御史中丞崔宽家境富有，在皇城之南建有别墅，池馆台榭，在当时被称为第一，崔宽就在当天暗中派人将其拆毁。中书令郭子仪在邠州驻扎，听说杨绾为相后，便将座内音乐减少了五分之四。京兆尹黎干受到皇帝的特别恩宠，出入的车马有100多辆，也很快减少随从车驾，只留十匹而已。其余闻风而动由奢变俭的人不可胜数，移风易俗一时成风。

┃言传身教，注重实用

身教重于言教，是儒家对官僚的一贯要求。顾炎武曾说："国奢示之以俭，君子之行，宰相之事也。"又说："禁郑人之泰侈，奚必于三年；变洛邑之矜夸，无烦乎三纪，修之身，行之家，示之乡党而已。道岂远乎哉！"历史学家钱穆称顾炎武重实用而不尚空谈，"能于政事诸端切实发挥其利弊，可谓内圣外王体用兼备之学"。

　　顾炎武以渊博的学识、独到的治世之理给后人留下了宝贵的精神财富。他崇实重廉的思想，对现代家庭教育同样有着积极的指导意义。在生活水平日益提升的今天，身为父母者更应当以身作则，将勤俭克己的优秀传统传递给自己的孩子，从一滴水、一粒米做起，引领孩子力行节约，让孩子自小便在心中播下勤俭的种子。

肆　参考文献

［1］王林.中国哲学大家解读［M］.五家渠：新疆生产建设兵团出版社，2013：137—138.

［2］刘泽华.中国政治思想通史明清卷［M］.北京：中国人民大学出版社，2014：401—402.

［3］（清）顾炎武，（清）黄汝成.日知录集释［M］.上海：上海古籍出版社，2007：772.

［4］傅德生.古代散文佳偶［M］.北京：华夏出版社，2013：191.

［5］黄岳洲.中国古代文学名篇鉴赏辞典（下）［M］.北京：华语教学出版社，2013：1278.

（执笔：朱禹寰）

朱柏庐家训

壹 内容选粹

原文

▌朱子家训（节选）▌

黎明即起，洒扫庭除，要内外整洁。既昏便息，关锁门户，必亲自检点。一粥一饭，当思来处不易。半丝半缕，恒念物力维艰。宜未雨而绸缪，毋临渴而掘井。自奉必须俭约，宴客切勿留连。器具质而洁，瓦缶胜金玉。饮食约而精，园蔬胜珍羞①。勿营华屋，勿谋良田。

……

祖宗虽远，祭祀不可不诚。子孙虽愚，经书不可不读。居身务期质朴，训子要有义方②。勿贪意外之财，莫饮过量之酒。与肩挑贸易，勿占便宜。见贫苦亲邻，须多温恤。刻薄成家，理无久享。伦常乖舛③，立见消亡。兄弟叔侄，须分多润寡④。长幼内外，宜辞严法肃。听妇言，乖骨肉，岂是丈夫？重资财，薄父母，不成人子！嫁女择佳婿，毋索重聘。娶媳求淑女，勿计厚奁⑤。见富贵而生谄容者，最可耻。见贫穷而作骄态者，贱莫甚。

居家戒争讼，讼则终凶。处世戒多言，言多必失。毋恃势力而凌逼孤寡。勿贪口腹而恣杀牲禽。乖僻自是，悔误必多。颓惰自甘，家道难成。狎昵⑥恶少，久必受其累。屈志老成，急则可相倚。轻听发言，安知非人之谮⑦诉？当忍耐三思。因事相争，安知非我之不是？须平心再想。施惠无念，受恩莫忘。凡事当留余地，得意不宜再往。人有喜庆，不可生妒忌心。人有祸患，不可生喜幸心。善欲人见，不是真善。恶恐人知，便是大恶。见色而起淫心，报在妻女。匿怨而用暗箭，祸延子孙。

家门和顺，虽饔飧⑧不继，亦有余欢。国课⑨早完，即囊橐⑩无余，自得至乐。读书志在圣贤，非徒科第。为官心存君国，岂计身家！守分安命，顺时听天。为人若此，庶乎近焉。

注释

① 羞：通"馐"，精美的食物。

② 义方：指做人的正道。

③ 乖舛（chuǎn）：违背，背离。

④ 分多润寡：财物多的要分匀出来，资助财物少的。

⑤ 奁（lián）：嫁妆。

⑥ 狎（xiá）昵：亲昵，亲近。

⑦ 谮（zèn）：说人坏话，诬陷别人。

⑧ 饔飧（yōngsūn）：饮食飨宴。飧，通"飱"。

⑨ 国课：国家的赋税。

⑩ 橐（tuó）：盛物的袋子。

| 译文

每天早晨黎明就要起床，先用水来洒湿庭堂内外的地面然后扫地，使庭堂内外整洁；到了黄昏便要休息并亲自查看一下要关锁的门户。即使是一顿粥、一顿饭，也应当想到它来之不易；即使是半根丝、半根线，也要想到劳作的艰辛。应当在没有下雨的时候修缮好房子门窗，不要临到口渴的时候才去挖井。我们自己日常的生活必须节约，宴请宾客绝对不要毫无节制。餐具只要质朴、干净，即使是用泥土做的瓦器也比金玉制的好；食品只要节约而精美，即使是园里种的蔬菜也胜于山珍海味。

祖宗虽然早已故去，但是绝不能因此而不对祖先虔诚祭拜。家里的子孙有的即使愚笨，四书五经也不可不读。自己生活节俭，以做人的正道来教育子孙。不要贪图不是你的钱财，不要喝过量而伤身的酒。对肩挑货物沿街叫卖的小生意人，不要占他们的便宜。遇到家境贫穷的亲戚或邻居，应该格外关心体贴并接济帮助。靠刻薄而起家，绝没有长久享受的道理。一旦违背伦常，这个家庭很快就会衰败。兄弟、叔侄之间要互相帮助，富有的要资助贫穷的；一个家庭要有严正的规矩，长辈对晚辈言辞应庄重。听信妇人挑拨，而伤了骨肉之情，哪里配做一个大丈夫呢？看重钱财，而薄待父母，不是为人子女的道理。嫁女儿，要为她选择贤良的夫婿，不要索取贵重的聘礼；娶媳妇，要选择贤淑的女子，不要贪图丰厚的嫁妆。看到富贵的人就去逢迎讨好的人，是最可耻的；遇到贫穷的人便表现出傲慢无礼的恶人，是最鄙贱的。

居家过日子，力戒争斗，一旦争斗，无论胜败，结果都不吉祥。处世不可多说话，言多必失。不可狂妄傲慢，欺凌孤儿寡母；不要贪口腹之欲而任意地宰杀牛羊鸡鸭等动物。性格古怪、自以为是的人，必会因常常做错事而懊悔；甘愿颓废懒惰的人，难以成家立业。亲近不良的少年，日子久了，必然会受牵累；恭敬自谦，虚心地与那些阅历多而善于处事的人交往，遇到急难的时候，就可以得到他的指导或帮助。他人来说长道短，不可轻信，因为怎么知道他不是来说人坏话呢？因事相争，要冷静反省自己，因为怎么知道不是我的过错呢？对人施了恩惠，不要记在心里，受了他人的恩惠，一定要常记在心。说话不要过分，做事不要太绝，凡事都要留有余地；称心如意的时候，要知足，不应当再有所求了。他人有了喜庆的事情，不可有妒忌之心；他人有了祸患，不可有幸灾乐祸之心。做了好事，想他人看见，不是真正的善人；做了坏事，怕他人知道，就是真的恶人。看到美貌的女性而起邪心的，到时就会报应在妻子儿女身上。怀怨在心而暗中伤人的，将会给自己的子孙留下祸根。

一家人和顺过日子，就是穷得吃了上顿不接下顿，也会觉得快乐。尽快缴完赋税，即使口袋里没有剩余，也会自得其乐。读书的目的在于学圣贤的行为，不只是为了科举及第；做官要心里想着君主和国家，怎么可以计较自己的得失和家庭的利益？！安守本分，顺从自然。如果能够这样做人，那就差不多和圣贤相近了。

┃原文

‖劝言·孝弟①（节选）‖

"孩提之童，无不知爱其亲，及其长也，无不知敬其兄。"可知孝亲弟长，是天性中事，不是有知有不知、有能有不能者也。吾独怪今人：财宝本是身外之物，强欲求之，不得为耻；孝弟是身内固有，不得如何不耻？又怪今人：功名本如旅舍，一过便去，得而复失，则又深耻；孝弟乃是不可复失者，放而不求，如何不耻？

┃注释

① 弟：通"悌"。

┃译文

"两三岁的小孩子，没有不知道爱他父母的，等到他长大，没有不知道尊敬他兄长的。"（由此）可知，孝顺父母、敬爱兄长，是人先天具有的品性，不是有人知道有人不知道，有人能做到有人不能做到。我只是责怪今日之人：财宝本是身外之物，非要强求，以得不到为耻；孝悌是人本来就有的，做不到为何不以之为耻？又要责怪今日之人：功名本来像旅馆，一住过就失去，得到还会再次失去，反而又深以为耻；孝悌才是不可再次失去的，放着反而不追求，为何不以之为耻？

| 原文

‖ 劝言·勤俭 ‖

勤与俭，治生之道也，不勤则寡入，不俭则妄费，寡入而妄费则财匮，财匮则苟取，愚者为寡廉鲜耻之事，黠①者入行险侥幸之途。生平行止，于此而丧。祖宗家声，于此而坠。生理绝矣！又况一家之中，有妻有子，不能以勤俭表率，而使相趋于贪惰，则自绝其生理，而又绝妻子之生理②矣。

勤之为道，第一要深思远计。事宜早为、物宜早办者，必须预先经理。若待临时，仓忙失措，鲜不耗费。第二要晏③眠早起。侵晨而起，夜分而卧，则一日而复得半日之功，若早眠晏起，则一日仅得半日之功。无论天道必酬勤而罚惰，即人事赢绌④，亦已悬殊。第三要耐烦吃苦。若不耐烦吃苦，一处不周密，一处便有损失耗坏。事须亲自为者，必亲自为之，须一日为者，必一日为之。人皆以身习劳苦为自戕其生，而不知是乃所以求生也。

俭之为道，第一要平心忍气。一朝之忿，不自度量，与人口角斗力，构讼经官。事过之后，不惟破家，或且辱身。第二要量力举事。土木之功，婚嫁之事，宾客酒席之费，切不可好高求胜。一时兴会，所费不支。后来补苴⑤或行称贷，偿则无力，逋⑥则丧德。第三要节衣缩食。绮罗之美，不过供人之叹羡而已。若暖其身，布素与绮罗何异？肥甘之美，不过口舌间片刻之适而已，若自喉而下，藜藿⑦肥甘何异？人皆以薄于自奉为不爱其生，而不知是乃所以养生也。

故家子弟，不勤不俭。约⑧有二病：一则纨绔成习，素所不谙；一则自负高雅，无心琐屑。乃至游闲放荡，博弈酣饮，以有用之精神而肆行无忌，以已竭之金钱而益喜浪掷，此又不待苟取之为害，而己自绝其生理矣！孔子曰："谨身节用，以养父母。"可知孝弟之道，礼义之事，惟治生者能之。奈何不惟勤俭之为尚也！

注释

① 黠（xiá）：狡猾。

② 生理：活下去的理由。

③ 晏（yàn）：晚。

④ 羸绌（chù）：屈伸。

⑤ 苴（jū）：补，填塞。

⑥ 逋（bū）：拖欠，推迟。

⑦ 藜藿（líhuò）：藜草和豆叶，泛指粗劣的食物。

⑧ 约：主要。

译文

勤劳与节俭，是经营家业的途径。不勤劳收入就会减少，不节俭花销就会变多，少收入又多花销就会钱财匮乏，钱财匮乏就会不法取得。愚蠢的人做没有操守、不知羞耻的事情，狡猾的人走冒险而希求成功的道路。一生的品性，从此丧失，祖先家族的声誉，从此败坏，生存的希望断绝了啊！更何况一个家庭之中，有妻子有儿女，如果不能以勤劳和节俭来教育他们，而是使他们竞相追逐贪婪和懒惰，那么不但断了自己的生路，而且再次断了妻子儿女的生路啊！

勤劳之道，第一是要有长远的打算。做事情应该早作打算，这就必须把事情先作处理。如果临时处理，就会仓惶失措，很少有人不耗费很多精力的。第二是要晚睡早起。接近天亮时起床，深夜才睡觉，这样的话，一天又可以多得半天的工夫，如果早睡晚起，那一天仅有半天的工夫。大自然的规律一定是会回报勤劳的人而去惩罚懒惰的人，人与人之间的差距就是这样拉开的。第三是要能耐烦受苦。如果不能耐烦受苦，这样有一处事情处理不周密，就会有一个地方出现损失。需要自己亲自去做的事情，一定要亲自去做，需要用一天时间做的事，一定要用一天的时间去做。许多人都认为劳累和辛苦是伤害自己，却不知道这是求得生存的需要。

节俭之道，第一是要平心静气。如果自己不去容忍一时的愤怒，就会与别人发生口角争斗，甚至发生官司。事过之后，有的不免会家庭受损、自身受辱。第二行事要量力而为。建造房屋、结婚嫁娶、宾客酒席的费用，一定不要不切实际地追求高标准。一时兴起，花费过多，后来要想把花费弥补上就可能去借贷。这样不仅没有能力去偿还，而且拖欠了就会违背道德。第三在吃穿上要节约。华丽的衣服也只不过是让人赞叹羡慕而已。如果要是从保暖而言，普通衣服与那些华丽的衣服又有什么不同呢？肥美的食物，也只不过是口舌间片刻的享受而已，如果都是从喉咙而下，普通的饭菜与肥美的食物又有什么不同呢？许多人都认为节俭是不爱惜自己的身体，却不知道这样的节俭就是养生。

官宦人家的孩子如果不知道勤俭节约，就会有两种不良状况：一是有铺张浪费的恶习，向来不知道节俭；一是自恃高雅，不能踏实做事情。这就会游闲放荡，过度饮酒，恣意横行，挥霍金钱，这可不是一般的危害，而是断了自己的生计了！孔子说："勤俭节约用来孝顺赡养自己的父母。"这就可以知道孝顺父母、敬爱兄长的道理，也可以知道礼节，这是谋生的正确方法。为什么不推崇勤劳节俭啊！

▎原文

‖ 劝言·读书（节选）‖

　　读书须先论其人，次论其法。所谓法者，不但记其章句，而当求其义理；所谓人者，不但中举人、进士要读书，做好人尤要读书。中举人、进士之读书，未尝不求义理，而其重究竟只在章句；做好人之读书，未尝不解章句，而其重究竟只在义理。先儒谓，"今人不会读书，如读《论语》，未读时是此等人，读了后只是此等人，便是不会读"，此教人读书识义理之道也。要知圣贤之书，不为后世中举人、进士而设，是教千万世做好人，直至于大圣大贤。所以读一句书，便要反之于身：我能如是否？做一件事便要合之于书：古人是如何？此才是读书。若只浮浮泛泛，胸中记得几句古书，出口说得几句雅话，未足为佳也。所以又要论所读之书。……将《孝经》、《小学》四书本注①置在案头，尝自读，教子弟读，即身体而力行之，难道不成就好人？难道不称为自好之士？究竟实能读书、精通义理，世间举人、进士舍此而谁？不在其身，必在其子孙。

注释

① 四书本注：儒家的《论语》、《孟子》、《大学》、《中庸》合称为"四书"。本注，有注释讲解的版本。

译文

读书必须首先要讨论读书人，其次要讨论读书法。所谓读书法，不但要记住所读书的章句，而且要探求它的义理；所谓读书人，不但考过乡试、会试的人要读书，做好人尤其要读书。举人、进士读书，没有不探求义理的，但是他们重点毕竟只在于章句；好人读书，没有不理解章句的，但是他们重点毕竟只在于义理。先世儒者认为："今日之人不会读书，比如读《论语》，没有读时是这等人，读后仍是这等人，就是不会读"，这是教人读书识别义理的方法。要知道圣贤的书，不是专为后世举人、进士设置的，而是教千万世代人做好人，直至做大圣大贤之人。因此，读一句话，就要反省自己：我能够像这样吗？做一件事，就要合乎于书本：古人是怎样的？这才是读书。如果只是虚夸不实，胸中记得几句古文，出口说得几句雅言，不足称好的。因此又要探讨所读的书……把《孝经》、《小学》、四书本注疏放在案头，尝试自己读，教子弟读，就是身体力行，难道不能培养出好人吗？难道不能称之为自好之士吗？毕竟实际能读书、通晓义理的，除了世间举人、进士还会有谁呢？如果不在其本人身上得到实现，必定在其子孙身上实现。

| 原文

‖ 劝言·积德 ‖

　　积德之事，人皆谓惟富贵，然后其力可为。抑知富贵者，积德之报，必待富贵而后积德，则富贵何日可得？积德之事，何日可为？惟于不富不贵之时，能力行善，此其事为尤难，其功为尤倍也。

盖德亦是天性中所备，无事外求，积德亦随在可为，不必有待。假如人见蚁子入水、飞虫投网，便可救之。又如人见乞人哀叫，辄①与之钱，或与之残羹剩饭，此救之与之之心，不待人教之也。即此便是德，即此日渐做去便是积。今人于钱财田产，即去经营日积，而于自己所完备之德，不思积之，又大败之，不可解也。

今亦须论积之之序。首从亲戚始。宗族邻郡②中，有贫乏孤苦者，量力周给。尝见人广行施与，而不肯以一丝一粟援手穷亲，亦倒行而逆施矣。次及于交与与凡穷厄③之人，朋友有通财之义固不必言，其穷厄之人，虽与我素无往来，要知本吾一体，生则赈给，死则埋骨，惟力是视，以全我恻隐之心。次及于物类。今人多好放生，究竟末务。有不须费财者，如任奔走，效口舌，解人厄，急人病，周旋人患难，不过劳己之力，更何容吝？又有不费财并不劳力者，如隐人之过，成人之善，又如启蛰④不杀，方长⑤不折，步步是德，步步可积。但存一积德之心，则无往而不积矣；不存一积德之心，则无往而为德矣。要知吾辈今日不富不贵，无力无财，可以行大善事，积大阴德。正赖此恻隐之心，就日用常行之中所见所闻之事，日积月累，成就一个好人，不求知于世，亦不责⑥报于天。若又不为，是真当面错过也。不富不贵时不肯为，吾又未知即富即贵之果肯为否也！

注释

① 辄（zhé）：就，便。

② 鄘（dǎng）：同"党"，乡党。指乡里、乡族。

③ 穷厄（è）：困苦。

④ 启蛰：惊蛰，二十四节气之一，在阳历3月上旬。

⑤ 长（zhǎng）：生长。

⑥ 责：求。

译文

积德之事，人们都说只有富贵后才有能力做。也知道富贵是积德的回报，如果必须要等到富贵后才能行积德之事，那么哪天才能得富贵？积德之事，哪天才可以做？当没有富贵之时，就应该竭力行善，虽然做起来尤其困难，但这功德回报格外加倍。

道德是人所拥有的品质，没有必要求之于外，积德随处可以做得到，不是等到具备一定的条件才可以去做。假如看见蚂蚁掉进水里，飞虫粘在网上，你便可以施救。又比如你见乞丐悲哀叫喊，就可以给他钱，或者给他残羹剩饭，这种救人之心是不需要别人教的。这就是德，这样做，时间长了便是积德。现在的人对于钱财地产去经营积累，而对于自己所要完备的道德，不仅不知道去积累，甚至去损坏，这是不可理解的。

现在也需要讨论积德的顺序。首先从亲人开始。宗族乡里中有贫困孤苦的，量力接济。曾经看到有人广行施舍，却一点也不肯救助身边穷困的亲戚，这样做也就是违反常理的。其次是自己的朋友以及所有穷困的人，朋友之中有互通财物的就不必说了。穷困的人，虽然有的与我们向来没有往来，要知道我们都是一样的人，在世时接济他们，死后埋葬他们。只要全力而为，才可成全我们的恻隐之心。再次便是做一些举手之劳的事。现在很多人喜欢放生，毕竟还不是紧要之事。有不需要耗费财物的，如奔走转告，尽口舌之劳，解人危难，着急别人的病情，周济他人，不过是自己劳累一点，又有什么要吝啬的？又有不耗费财物也不费力气的，如忘记别人的过失，成全别人做善事，又如不杀幼虫，不折幼苗，每一步都是德行，每一步都可积累。只要心存善念，则时时可行积德之事；没有积德之心，则处处难有积德之行。要知道我们现在并非富贵之人，没有足够的能力和财力去做大善事，积大阴德，就凭借积德之心在日常生活中行善积德，日积月累，成为一个好人，不要求为人所知晓，也不要求上天报答。如果不行动，真是又错过了。人仕没有富贵之时不肯行善，我不知道即使富贵了，他是不是真的肯去行善。

贰 背景简介

朱柏庐（1617—1688），字致一，名用纯，自号柏庐，昆山人，明末清初著名的理学家、教育家。因慕"二十四孝"魏时孝子王裒"闻雷泣墓"的故事，自号柏庐。"柏"为柏树的柏，"庐"本意为田中看守庄稼的小屋。他一生未做官，康熙时，朝廷开博学鸿儒科，他坚持不赴任。直至临终之时仍告知弟子："学问在性命，事业

○ 朱柏庐

在忠孝。"当时，人们把他和徐枋、杨无咎并称"吴中三高士"。死后，门人称其为"孝定先生"。

朱柏庐一直开馆授徒，以《小学》、《近思录》等作为引导学生的入门教材，仿照白鹿洞规，设讲约，从学者甚多。他潜心研究程朱理学，提倡知行并进，仔细揣摩朱熹建家立业的根本思想，总结前人的生活经验和教训，并联系自己的感受体会，编写出《治家格言》。他将这篇《治家格言》，恭恭敬敬地以颜体楷书抄写，挂在客厅墙上"中堂"的位置，用以勉励家人，另抄一幅挂在书房最显眼处，用以督促自己。

朱柏庐著有《朱柏庐治家格言》，世称《朱子家训》、《朱子治家格言》、《朱子治家规范》等，还著有《愧讷集》、《大学中庸讲义》、《劝言》、《辍讲语》等。

《朱子治家格言》是朱柏庐教育家人子弟的一篇格言、警句体家训，全文500多字，几乎涉及治家、教子、修身、处世的各个方面，是诠释儒家思想和中华民族传统美德的典范之作，被历代士大夫尊为"治家之经"。清至民国年间一度成为儿童启蒙的必读教材之一，成为与《三字经》、《百家姓》齐名的蒙学课本。

《劝言》共包括《孝弟》、《勤俭》、《读书》、《积德》四篇，对治家、修身和处世之道进行了深入具体的阐发，目的是培养所谓的"乡党自好之士"。

《朱子治家格言》、《劝言》互为一体，《劝言》是对《朱子治家格言》思想的进一步深化，可视为姊妹篇，两者一简一繁，一俗一雅，可以相互参看。

叁 延伸阅读

《朱子治家格言》涉及治家、教子、修身、处世等方面，并且对后世教育子女影响深远。

治家

包括勤谨管家、俭朴持家、忠厚传家几个方面，家庭生活的方方面面基本涵盖其中。在勤谨管家方面，主张"黎明即起，洒扫庭除，要内外整洁。既昏便息，关锁门户，必亲自检点"。在俭朴持家方面，主张"一粥一饭，当思来之不易。半丝半缕，恒念物力维艰。宜未雨而绸缪，毋临渴而掘井。自奉必须俭约，宴客切勿流连"。在忠厚持家方面，主张待人要宽厚，要讲究人道："与肩挑贸易，勿占便宜。见贫苦亲邻，须加温恤。刻薄成家，理难久享。伦常乖舛，立见消亡。"

教子

《朱子治家格言》告诫家人要读书明理，讲究义方。"祖宗虽远，祭祀不可不诚。子孙虽愚，经书不可不读。居身务期俭朴，教子要有义方。"家庭内部应当以和顺为要，孝敬父母，和睦兄弟。读书博取功名之后，应当胸怀抱负，有国家担当，"读书志在圣贤，非徒科第。为官心存君国，岂计身家。"

┃ 修身

《朱子治家格言》十分重视修身处世之道。首先，毋贪财，无乖僻。"勿贪意外之财，莫饮过量之酒"，"乖僻自是，悔误必多。颓惰自甘，家道难成"。其次，戒恃强凌弱，"毋恃势力而凌逼孤寡。勿贪口腹而恣杀牲禽"。再次，心存善良，涵养道德。"善欲人见，不是真善。恶恐人知，便是大恶。"

┃ 处世

居家处世，第一，不可争斗多言，"居家戒争讼，讼则终凶。处世戒多言，言多必失"。第二，不可轻信人言，遇事要多多自我反省。"轻听发言，安知非人之谮诉？当忍耐三思。因事相争，安知非我之不是？须平心再想。"第三，慎重交友，远离"恶少"。

┃ 影响深远

《朱子治家格言》问世后，得到了有识之士的认同和赞许，大家纷纷争先传抄。他去世后，全国各地相继将此文梓刻成书，各种家训选本也都收录此篇，甚至有人把它写成字帖，使之广为流传，家喻户晓。朱柏庐的弟子顾易曾著《朱子家训演证》（四卷），阐释其意。朱氏家训诞生地江苏昆山及其周围苏、杭、锡、常等地更有人将其编成词曲歌谣，到处传唱。

据称康熙皇帝从第三次南巡（1699）开始，时常听人说起此事，非常感兴趣，经常将其中的名句抄写成对联送给官员和他们的孩子，并将《朱子治家格言》引入宫中，和《三字经》、《千字文》等启蒙读物一起，作为皇

○ 昆山柏庐实验小学学生诵读家训

子、皇孙们的必修课。乾隆三十年（1765），时任礼部左侍郎的满族人德保将之译成满文，以教八旗子弟。陈榕门在《养正遗规》中说它浅显易懂，极易推广。清光绪中期，浙江乌程（今吴兴）学者戴翊，依据林则徐抄写的《朱夫子治家格言》，编写了一本《朱夫子治家格言释义》（两卷），除引用原文外，还用1.8万多字进行了详细解释，国内外反复印刷，影响遍及世界各地。

　　这些年，在朱柏庐先生的家乡江苏省昆山市，各有关部门正在通过多种形式挖掘和传承朱柏庐及其《朱子治家格言》的精神内涵。城区以"柏庐"命名的单位越来越多，如柏庐街道、柏庐社区、柏庐广场、柏庐大厦、柏庐实验小学等。在拓宽柏庐路时，昆山市政府还专门投资建设"柏庐园"，园中设有朱柏庐先生的雕像以及与《朱子治家格言》相关的情景塑像，吸引人们前来观瞻。

肆 参考文献

［1］梅山，梅西注.增广贤文溯源·朱子家训诠释［M］.南昌：江西人民出版社，
　　　1992：185—195.

［2］包东坡选注.中国历代名人家训精粹［M］.合肥：安徽文艺出版社，2000：
　　　329—333.

［3］（清）陈弘谋编.《五种遗规》训俗遗规.卷三　朱柏庐劝言.清乾隆培远堂刻
　　　汇印本.

［4］《诫子弟书》编委会.诫子弟书［M］.北京：北京出版社，2000：348—349.

［5］徐少锦，陈延斌.中国家训史［M］.西安：陕西人民出版社，2003：683—
　　　684.

（执笔：钱　洁）

郑板桥家训

壹 内容选粹

原文

‖雍正十年杭州韬光庵中寄舍弟墨（节选）‖

天道福善祸淫[①]，彼善而富贵，尔淫而贫贱，理也，庸[②]何伤？

愚兄为秀才时，检家中旧书簏[③]，得前代家奴契券，即于灯下焚去，并不返诸其人。恐明与之，反多一番形迹[④]，增一番愧恶[⑤]。自我用人，从不书券，合则留，不合则去。何苦存此一纸，使吾后世子孙，借为口实，以便苛求抑勒[⑥]乎！如此存心，是为人处，即是为己处。

注释

① 淫：放纵，骄纵。

② 庸：怎么，什么，表示反问。

③ 簏（lù）：竹箱。

④ 形迹：礼貌、规矩。

⑤ 恧（nǜ）：惭愧。

⑥ 抑勒：欺压勒索。

┃译文

心地仁爱、品质淳厚的人往往能沾得福气，过度沉溺、放纵者往往招来祸害。他从善所以富贵，你放纵沉溺所以贫贱，就是这一道理，有什么值得伤心呢？

哥哥我还是秀才时，在家中装书用的旧箱子里发现上辈祖先留下的家奴契约，马上拿到灯下烧掉，而不是返还给这些人。我所担心的是，这样明着还给他们，反而让他们多一份落魄与羞愧。我雇用人，从不要求对方签契约，满意的便留下，不合适的便离开。何苦去保留这一纸契约，让我的后世子孙有了欺压勒索他们的口实！这种想法，是替别人打算，同时也是为自己打算。

┃原文

┃淮安舟中寄舍弟墨（节选）┃

以人为可爱，而我亦可爱矣；以人为可恶，而我亦可恶矣。东坡一生觉得世上没有不好的人，最是他好处。

年老身孤，当慎口过。爱人是好处，骂人是不好处。东坡以此受病①，况板桥乎！老弟当时时劝我。

注释

① 病：祸害，损害。

译文

认为别人是可爱的，那自己也是可爱的；认为别人是可恶的，那自己也是可恶的。苏东坡一生都感觉世间没有不好的人，这是他最大的优点。

我年纪大了又是单身一人，应当谨慎避免言语造成的过错。喜爱并乐于助人是优点，骂人是缺点。苏东坡就是因为这个而蒙受灾祸，何况我呢？弟弟你应当记得时常规劝我。

原文

范县署中寄舍弟墨第三书（节选）

诚知书中有书，书外有书，则心空明而理圆湛，岂复为古人所束缚，而略无张主①乎！岂复为后世小儒②所颠倒迷惑，反失古人真意乎！

总是读书要有特识，依样葫芦，无有是处。而特识又不外乎至情至理，歪扭乱窜，无有是处。

注释

① 张主：主张。
② 小儒：旧时文人谦称自己，这里指浅薄愚陋的读书人。

译文

只要明白书里还有书、书外还有书的道理，那么心里就会空旷明晰而圆通清澈，怎么会被古人的见解约束而没有自己的主张了呢？怎么能被年轻儒生们所说的观点颠倒了真假曲直，失去了古人的本意呢？

总之，读书要有独立的见解，依样画葫芦似地单纯照搬，是没有进步的。而独立见解又应该合情合理，随意歪曲乱扯、牵强附会，也是得不到收获的。

原文

潍县署中与舍弟墨第二书（节选）

余五十二岁始得一子，岂有不爱之理！然爱之必以其道，虽嬉戏玩耍，务令忠厚悱恻，毋为刻急①也。

我不在家，儿子便是你管束。要须长其忠厚之情，驱其残忍之性，不得以为犹子②而姑纵惜也。家人儿女，总是天地间一般人，当一般爱惜，不可使吾儿凌虐他。

夫读书中举中进士作官，此是小事，第一要明理作个好人。

注释

① 刻急：刻薄，急躁。
② 犹子：侄子。

译文

我到了52岁的时候才有了一个儿子，哪里有不疼爱他的道理？但疼爱也要讲究原则，就算是他在嬉戏玩耍的时候，也要培养他忠诚、厚道和具有同情心的本性，不能让他养成苛刻严峻的不良毛病。

我不在家，儿子就交由你来管教。你要培养他忠厚的性情，驱除他残忍的脾性。不要因为这是侄子就溺爱放纵。家里佣人的儿女，都是天地间平等的人，对他们的爱惜应当一视同仁，不能让我儿子欺负他们。

什么读书考中举人进士、做官，这些都是小事情，最重要的是明白道理做个好人。

原文

‖潍县寄舍弟墨第三书（节选）‖

至于延①师傅，待同学，不可不慎。吾儿六岁，年最小，其同学长者当称为某先生，次亦称为某兄，不得直呼其名。纸笔墨砚，吾家所有，宜不时散给诸众同学。每见贫家之子，寡妇之儿，求十数钱，买川连纸②钉仿字簿，而十日不得者，当察其故而无意中与之。至阴雨不能即归，辄留饭；薄③暮，以旧鞋与穿而去。彼父母之爱子，虽无佳好衣服，必制新鞋袜来上学堂，一遭泥泞，复制为难矣。

夫择师为难，敬师为要。择师不得不审，既择定矣，便当尊之敬之，何得复寻其短？

注释

① 延：聘请。
② 川连纸：产于四川用于临摹毛笔字的练习纸。
③ 薄：通"迫"，迫近，接近。

译文

关于聘请老师、对待同学的事情不能不慎重。我的儿子6岁，年龄最小，他的同学中年龄比较大的，要称呼为先生，年纪小一些的，要称呼为某某兄，不能直接称呼名字。纸张、笔、墨、砚台这些东西，我们家里有的，应该时不时分一些给同学使用。每次见到有贫困人家的孩子、寡妇的儿子，央求给十几个钱去买川连纸用来订描红本的，如果十天过后仍没有要到，应当问明原因并在无意中给他。遇到阴雨天同学不能马上回家，要将他们留在家里吃饭，天色晚了，再拿出家里的旧鞋让他们穿回家去。因为他们的父母很爱惜孩子，虽然不能给他们好衣服穿，但肯定会制作新鞋给孩子穿来上学，如果穿着新鞋走泥泞的路回家，鞋子就难以恢复原样了。

选择老师是很难的，但尊敬老师才是更重要的。选择老师要考察，一旦选定了，就要尊重孝敬老师，不能反复挑剔老师的不是。

贰 背景简介

郑板桥（1693—1766），原名郑燮，字克柔，号理庵，又号板桥，清扬州府兴化县（今江苏兴化）人，祖籍苏州，清代杰出的艺术家、文学家、思想家，"扬州八怪"之一。

郑板桥出身于没落的地主家庭，自幼聪颖，康熙年间考中秀才，雍正十年（1732）中举人，乾隆元年（1736）中进士，自称"康熙秀

○ 郑板桥

才、雍正举人、乾隆进士"。乾隆七年（1742）被任命为七品县令，先到山东范县（今属河南）主政，乾隆十一年（1746）又调任山东潍县（今潍坊）县令。郑板桥为官清廉，秉公执法，深受百姓爱戴，因不与贪官污吏同流而遭到陷害，乾隆十八年（1753）春罢

官，后客居扬州，以卖画为生。他的人生经历了卖画、从政、再卖画的波折，晚年生活清贫。郑板桥擅长诗、词、书、画、印，其诗、书、画世称"三绝"，书法自称"六分半书"，擅画兰竹，也画松、菊。文学作品有诗词300余首、曲10余首、对联100余幅、书信100余封，还有序跋、判词、碑记、横额数百件，涉及的艺术门类广泛。

郑板桥的家教思想集中体现在其写给堂弟郑墨的16通家书中。郑板桥在家书中围绕着持身做事、读书做人等方面讲述自己的人生体会，饱含仁爱，渗透着修身养德的教化思想。他自己对这些家书也颇为自负，"十六通家书，绝不谈天说地，而日用家常，颇有言近指远之处。"后世对之评价很高，"所为家书，忠厚恳挚，有光禄（颜延之）《庭诰》、《颜氏家训》遗意。"郑板桥家训融入生活，围绕具体事件叙事说理，文中节选的五篇家书充分彰显了郑板桥仁爱待人、注重以身作则、反躬自省的品质。郑板桥认为教子读书应熟读、精思，深入探究其中蕴涵的道理，为人处世应秉持忠厚品质、去除刻薄残忍之性，青少年应尊敬师长、友爱同窗、诚实守信、平等对人。

叁 延伸阅读

郑板桥晚年得子，他在外做官时总是托付其堂弟郑墨教育自己的儿子，通过情深意浓的家书既表达了对郑墨生活、读书和做官等方面的深切关怀与期望，又表达了对后辈子弟教育问题的重视和关注。他注重培养孩子的仁爱之心，培养其独立自主的能力，即使到了临终之际，也不忘记教育孩子，为其留下宝贵的精神财富。

临终教子

相传郑板桥早年有两个儿子，但都不幸夭折了，他52岁时才又得了一个儿子，事实上是其堂弟郑墨的儿子过继给他的，平时自然宠爱，但对他却从不娇纵、溺爱，始终按照规矩来教导。后来郑板桥身染重病，多方医治未能好转，便让人把儿子唤至床前，说："儿子，父亲想吃你亲手做的馒头。"儿子虽不会做，但父命难违只得答应，过了一会儿佣人来报，"老爷，少爷说他不会做。"郑板桥说："不会可以问厨师。唉！今后非饿死不行。"佣人把话带给他儿子，儿子立即去请教厨师。他儿子累得汗如雨下，把蒸好的一盘馒头盛好，边

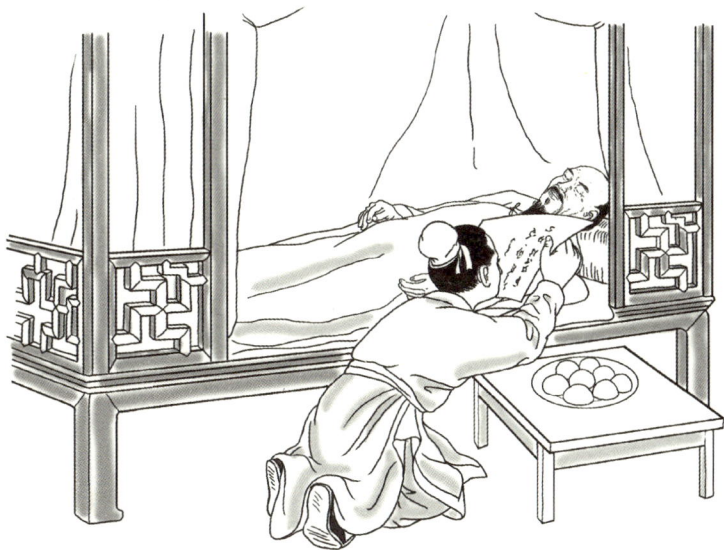

○ 郑板桥临终教子

走边兴奋地呼喊父亲，但走近一看，父亲已面露微笑告别人间了。他儿子痛哭流涕，忽见父亲手中握着一张纸，墨迹未干，儿子赶紧捡起阅读，"流自己汗，吃自己饭，自己事业自己干，靠天靠人靠祖宗不算好汉！"郑板桥即使在临终之际，也不忘记为儿子人生发展留下宝贵的一课。

郑板桥从小便注意培养儿子忠厚、诚信、宽容的品格，即便是儿子在玩耍中也会有意识地加以引导。他鼓励儿子多读一些经史文献和名家文章，同时注重儿子的身体健康与学问进步共同推进，希望儿子最终能够做个好人，这种注重孩子身心发展规律和人才培养目的的教育观念在现代更应当大力弘扬。

肆 参考文献

［1］卞孝萱.郑板桥全集［M］.济南：齐鲁书社，1985：177—196.

［2］赵振.中国历代家训文献叙录［M］.济南：齐鲁书社，2014：378.

［3］郑板桥.板桥家书：糊涂成功大全［M］.唐汉译注.北京：中国对外翻译出版公司，2000：1—25，59—61，66—72，101—109，110—114.

［4］李金旺主编.郑板桥家书［M］.北京：外文出版社有限责任公司，2012：4—7，52—53，62—68，102—105，115—120.

（执笔：杨优先）

嵇璜家训

壹 内容选粹

原文

‖ 送二儿承豫之滇南① ‖

年老难为别，秋高又送行。临风人万里，对酒月三更。有守②惟从俭，无才更戒盈③。勉思为善吏，莫负此家声。

注释

① 承豫：嵇璜的次子。之：往。滇：云南省的别称。
② 守：操守，品格。
③ 盈：骄傲自满。

译文

人到了老年非常难以承受离别之苦，更何况是在悲凉的秋天为儿子送行。瑟瑟秋风中父子相别，儿子即将远行，我把酒月下叮咛，不知不觉已是深更半夜。坚守品格需要以俭持身、清廉奉公，没有博学多才更要戒躁戒傲。你要时时勉励自己，做个清正廉洁的好官，一定不能辜负了世代清白的家风。

贰 背景简介

○ 嵇璜

嵇璜（1711—1794），字尚佐，晚号拙修，江南无锡县（今江苏无锡）人，清代大学士，水利专家。嵇璜从小聪颖，读书过目不忘，9岁时读《尚书·禹贡》就悟出了治水的道理，"禹治水皆自下而上。盖下游宣通，水自顺流而下。"大人们都感到很惊异，认为他长大后必成大器。嵇璜一生身兼多职，雍正八年（1730）中进士，历任日讲起居注官、翰林院侍读学士、通政司副使、都察院右佥都御史、吏部右侍郎、礼部尚书等职。嵇璜以治河有功而著称。嵇璜不仅在治河方面政绩卓著，在文学方面也硕果累累。嵇璜多次随从皇帝南巡，与乾隆常有诗歌赠答唱和。曾与刘纶、程景伊等主持《四库全书》的纂修工作。嵇璜善工书法，精于小楷，字体出于唐碑，清袁枚《小仓山房集》称他"精小楷，能于胡麻上作书"。著有《治河年谱》、《锡庆堂集》。

嵇璜先祖由晋（今山西）入吴，后世居虞山。嵇璜的曾祖父嵇延用官至中书，居于金陵（今江苏南京）。嵇璜的祖父嵇永仁移居无锡。康熙十三年（1674），耿精忠在福建起兵，响应吴三桂叛乱，嵇永仁被捕，但是宁死不屈，于康熙十五年（1676）在狱中自缢。嵇璜的祖母杨太夫人27岁丧夫，嵇璜父亲嵇曾筠为永仁独子，孤儿寡母生活万分艰辛。杨太夫人教子有成，嵇璜康熙丙戌年（1706）中进士。嵇曾筠对慈母非常孝顺，中进士后立即接母亲去京城居住。受父亲影响，嵇璜也很有孝心，每逢清明节，嵇璜总是到父母亲、祖父母墓地祭拜。嵇璜祖上几代都是为官者，但是为政清廉，爱国敬业。

　　嵇璜自小受到父亲严格的教育，举止庄重。嵇曾筠历任佥都御史、江南河道副总河、河东河道总督、吏部尚书、兵部尚书、浙江总督等职，治理黄、淮及浙江海塘有功，在治水方面取得辉煌成就。受到父亲的影响，嵇璜对治河也很感兴趣，针对河工修治中的弊端多次向朝廷上奏，提出开浚引河、引流培修河岸、注意入海口等保持河道宣泄通畅等意见。嵇璜同样严以教子，不断教育他们要节俭和清廉。次子承豫赴云南任职时，嵇璜写了这首《送二儿承豫之滇南》，先以情动，再以理勉。嘱咐儿子为政清廉，生活从俭，保持清白的家风，对当今的为官之道有着现实意义。

叁 延伸阅读

　　正如这首《送二儿承豫之滇南》所言，嵇璜教育自己的儿子无论身居何位，定要勤俭持家、为政清廉，莫要败坏家风。事实上，嵇璜历经雍正、乾隆两朝，一生政绩卓著，德行俱成，为儿子树立典范。嵇璜在为官期间，谨小慎微、不畏权贵、忠君爱国、心忧天下，得到两朝皇帝的重用并与乾隆皇帝结下深厚友谊。

刚正不阿

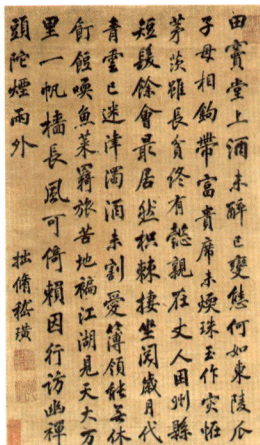

○ 嵇璜书法

嵇璜的书法享有盛名。当时权臣和珅与嵇璜同朝，乾隆时和珅由侍卫擢升户部侍郎，兼军机大臣，官到文华殿大学士，封一等功，任职期间结党营私，招权纳贿，劣迹遍野。嵇璜虽然很讨厌和珅，但没有实力能与他公开抗衡。有一天，和珅派人上门来求书，嵇璜不愿为和珅作书，但又不便直白地回绝，所以想出了一个办法来对付和珅。嵇璜先邀请了翰林数人到厅堂饮茶。书童到席前禀报说为和珅老爷作书的纸墨已准备好了。嵇璜听了颇有难色，训斥书童道，我正在宴请客人，怎能离席作书呢？客人齐声说，我们都想观看大人用笔，以求效法，从中受益。于是嵇璜当着客人面欣然挥毫。刚写到一半，书童又双手捧砚不慎将墨汁泼到纸上。嵇璜假装大发雷霆，斥责书童，客人看到这种情况，纷纷劝他息怒，这才停息。作书一事也作罢了。第二天，嵇璜到和珅府谢罪说，白白浪费了大人您的好纸。其实，书童覆墨是主人授意的，而请来的几位翰林都是和珅门下的，让他们亲耳听到、亲眼看到再告诉和珅，让他信以为真。

勤政为民

嵇璜的重要成就和贡献体现在水利事业上。乾隆三十三年

（1768）七月，授东河河道总督（驻山东济宁）。八月上奏，杨桥大坝为豫省第一重点工程，本来用秫秆等料掺土堵闭，但有时会有渗漏。有一次，嵇璜睡到半夜，忽听一声巨响，房屋都震动了。嵇璜跑到外面，漆黑一片，什么也看不见。天亮后才知道，对面的大坝在夜里塌了数十丈。有一次，嵇璜听说虞城河出现险情，他立即奔赴现场。那时，天刚刚亮，大雨中还夹杂着冰雹，脚下的堤坝随时都会崩塌，跟随他的人都吓得脸容失色，劝嵇璜暂时退避。嵇璜挺立堤上，大声呵叱说："堤倒，我就跟着一起去！"嵇璜不畏严寒，风雨无阻，冒着生命危险亲临杨桥大坝进行勘察，勘察后发现北面河流通道较为顺直，所以不能挖河分流；又因为遍地飞沙，所以不能建筑越堤。只有将坝身里戗（qiàng）加厚，来充当重门保障。另外，嵇璜认为杨桥大堤以前的泛滥处，原来是用沙土墙筑，很难做到恢复原样，所以建筑材料可以选择淤土，帮助巩固里戗。这些颇有价值的见解逐步得到实施，取得很好效果。

○ 嵇璜亲临杨桥大坝进行勘察

乾隆二十二年（1757），苏北淮、徐、扬等地惨遭水患，嵇璜在无锡奏请采购小麦运往灾区，平价卖出，以济灾民。乾隆二十三年（1758）正月，他奉命前往江浦（今江苏省淮阴市）任南河副河总，协同白钟山料理河务。六月，嵇璜提出湖河宣泄方案，他认为黄、淮流入运河及高宝诸湖的水，归海路远，又很弯曲，归江路近，而且较直。因此，必须在疏通新洋港、斗龙港、串场河、射阳河等归海之路的同时，更要注意因水利导，移远就近，疏通淮、扬运河，并常年启放入江要口芒稻河闸（在今江都县境内），将大部分水引入长江。这样，既利于苏北里下河地区农田灌溉，又能确保水涨时不受淹浸。这一方案颇得乾隆帝赞赏，立即命令尹继善、白钟山、普福等会同嵇璜，按照嵇璜所提倡的方案实施。八月，秋汛大涨，湖河果然安然无恙。

君臣有义

乾隆二十年（1755）二月，嵇璜因母年迈多病，恳请回到老家照顾母亲，没有得到皇帝批准。到十二月，母亲病情加重，皇帝才允许嵇璜回家照顾母亲。乾隆五十一年（1786），嵇璜76岁了，他感到精力难支，以年老为由提出告老还乡。乾隆不准，写诗挽留他，其中有这样几句："……古稀犹此日孜孜，旰宵未倦依然亹。尔我同庚可不思，一去已怜一为甚……"意思是说："你我在古稀之年还从早到晚孜孜不倦地工作着。我们是同庚（同龄），我仍在当皇帝，所以你也不用想离任。要是你离开了，我不是显得更可怜了吗？"诗句虽不美，倒也情真意切，句句实话。除了给予嵇璜很高的评价，乾隆还给了嵇璜许多破例的照顾，嵇璜可以骑马进紫禁城，也可坐轿上朝，遇风雨天可以迟到，也可以不去。这在封建王朝是极其少见的。

身为水利专家，嵇璜多次治理河道，让百姓免受河水之灾。身为朝廷重臣，嵇璜刚正不阿、忠君爱国。为人子女，嵇璜孝敬父母、以俭持家。身为父亲，嵇璜对子女教育严格，告诫儿子为官清廉，定要保持世代清白的家风。嵇璜一生政绩卓越，无论在朝在野，都能严于律己，坚守高尚品格，赢得后人敬仰。

肆 参考文献

[1] 赵永良主编.无锡名人辞典 [M].南京：南京大学出版社，1989：75—76.

[2] 马子木.清代大学士传稿：1636—1795 [M].济南：山东教育出版社，2013：382—385.

[3]《诫子弟书》编委会.诫子弟书 [M].北京：北京出版社，2000：382.

（执笔：唐之辉）

袁枚家训

壹 内容选粹

▎原文

▎与弟香亭书（节选）▎

夫才不才者本也，考不考者末也。儿果才，则试金陵①可，试武林②可，即不试亦可。儿果不才，则试金陵不可，试武林不可，必不试废业而后可。为父兄者，不教以读书学文，而徒与他人争闲气，何不揣其本而齐其末哉③！

"知子莫若父"，阿通④文理粗浮，与"秀才"二字相离尚远，若以为此地文风不如杭州，容易入学，此之谓"不与齐楚争强，而甘与江黄竞霸"⑤，何其薄待儿孙，诒谋⑥之可鄙哉！子路曰："君子之仕也，行其义也。"非贪爵禄荣耀也。李鹤峰中丞之女叶夫人《慰儿落第⑦诗》云："当年蓬矢桑弧⑧意，岂为科名始读书？"大哉言乎！闺阁中有此见解，今之士大夫都应羞死。要知此理不明，虽得科名作高官，必至误国误民，并误其身而后已。无基而厚墉⑨，虽高必颠，非所以爱之，实所以害之也。然而人所处之境，亦复不同。有不得不求科名者，如我与弟是也。家无立锥，不得科名，则此身衣食无着。陶渊明云："聊欲弦歌，以为三径之资⑩"，非得已也。有可以不求科名者，如阿通、阿长是也。我弟兄遭逢盛世，清俸之余，薄有田产，儿辈可以度日，倘能安分守己，无险情赘行，如马少游所云："骑款段⑪马，作乡党之善人。"是即吾家之佳子弟，老夫死亦瞑目矣，尚何敢妄有所希冀哉！

注释

① 金陵：当时是指南京和江宁县一带，袁枚在此任职。

② 武林：历史上称杭州为武林，袁氏家乡在此。

③ 揣其本：揣度他的根本。齐其末：比较他的末端。"不揣其本而齐其末"，语出《孟子·告子下》。

④ 阿通：指袁枚之子袁通。

⑤ 齐、楚是战国时两个强国，江、黄是战国时两个小国。此句意思是不与强大的去争，反而与弱小的去争。

⑥ 诒谋：诒，遗下；谋，谋略。

⑦ 落第：科举应试不中。

⑧ 蓬矢：蓬梗做的箭。桑弧：桑木做的弓。古人男子出生，以桑木作弓，蓬草作矢，使射天地四方，寓意"志在四方"。

⑨ 堉：墙。

⑩ 弦歌：《论语·阳货》记子游任武城宰，以弦歌为教民之具。后诗文中往往以弦歌为出任邑令的典故。三径：西汉末，王莽专权，蒋诩告病辞官，隐居乡里，于院中辟三径，唯与求仲、养仲来往。后往往用三径指代家园。

⑪ 款段：马行走迟缓的样子，这里指劣马。

｜译文

一个人有无才学是根本，考上科名与否是不重要的。儿子果然有才，那么往金陵考也行，往武林考也行，即使不考也行。儿子果真无才，那么去金陵考不行，去武林考不行，必定是哪也考不上、荒废了学业。做父兄的，不教导他们读书学习，却白白浪费时间与旁人争闲气，为什么不考虑根本的而偏要计较细枝末节呢？知子莫若父，阿通对文章的理解还是粗糙肤浅，和作秀才的要求相差甚远。如果认为这地方整体水平不如杭州，孩子便容易考取，这正是不与强手争雄，而甘心与弱者斗胜。这样做是多么看不起儿孙，出这样的主意太可耻了！子路说："君子出来做官，是为了干正义的事。"做官不是为了贪图爵位俸禄、光耀祖宗啊。中丞之女叶夫人在儿子落第时曾写诗劝慰道："想当年男儿立下四方之志，哪里是为了博取科名才读书的呢？"说得太好了！女人家有这样的见地，真得羞死当今那些士大夫们。如果不明此理，即使科举考中，做了大官，也必定误国误民，并且误了自身才作罢。没打好根基，把墙垒得厚厚的，虽然很高也一定会塌下来，这样做不是爱孩子，实在是害了他们啊！然而人所处的境遇，也有不同。有的人不得不考取科名，比如我和你就是这样。因为我们家没有立锥之地，不博取功名，我们的衣食就没有着落。陶渊明说："姑且做做官，为家园换些资用。"这是不得已的。有可以不考取科名的人，比如我们的儿子阿通、阿长。我们两个生逢盛世，领取清廉俸禄之外，还有点田产，儿辈们可以凭借这些度日。他们倘若能够安分守己，不做越轨的事，如同马少游所说的"骑一匹慢马，做家乡善良的人"，这就是我们家的好子弟，我死也能合上眼了，还敢有什么过分的期望吗？

贰 背景简介

袁枚（1716—1797），字子才，号简斋，浙江钱塘人。袁枚世居江宁（今江苏南京）随园小仓山，晚年自号仓山居士、随园老人，世称"随园先生"。他是乾隆进士，清代乾嘉诗坛盟主、性灵派主将，代表作有《小仓山房集》、《随园诗话》及《补遗》、《子不语》、《续子不语》等。他的思想以孔子、孟子和庄子的思想为基础，并承袭晚明启蒙思想之遗风，尊敬孔子但不盲从，身入世俗又能超俗，传承旧习但思想开放，是封建社会向近代社会过渡时期杰出的文学家、思想家和批评家。

袁枚为官清廉，但仕途坎坷，于江苏历任溧水、江宁、江浦、沭

阳县令七年，勤政为民，博得"大好官"的美誉。乾隆十年（1745），他离任沭阳时，老百姓沿街相送，争先为其饯酒话别。当袁枚年过七旬回访沭阳时，百姓曾三十里相迎。袁枚于34岁时辞官，隐居于江宁小仓山随园，自此在随园过了近50年的闲适生活。他在诗坛标新立异，树起"性灵"之帜，结交了许多文人名士，与赵翼、蒋士铨并称为"乾隆三大家"，与赵翼、张问陶并称"乾嘉性灵派三大家"，开启了诗坛创作的新格局。与此同时，袁枚热心提携后辈，广招弟子，尤其以女性弟子居

○ 袁枚

多，开中国近代女性教育之先河，传为中国诗史上的一段佳话。

《与弟香亭书》是袁枚写给堂弟袁树（字香亭）的家书，主要讨论了教育晚辈的问题。袁枚强调父母教育儿辈应因材施教，注重真才实学，夯实基础，为人善良，秉持正义，淡泊名利。

叁 延伸阅读

袁枚深受家族遗风及长辈教导的影响，其豪爽、正直的人格品行离不开家族先辈潜移默化的熏陶，以致他在教育子孙后辈的过程中也重视对他们人格、读书和做官方面的正面教导。

家教真言

袁枚的《与弟香亭书》，是他写给堂弟袁树的一封家书。因袁枚原配王夫人一直未能生育儿子，袁树便将其子袁通过继给袁枚作为继子。袁枚在家书中与堂弟专心谈论袁通的教育问题。这封家书比较准确地反映了袁枚的家庭教育思想，其核心观点是：一重实学轻名利。子女成长，有无真才实学远比有无科举功名重要。二重远志轻近利。男儿要志向远大，要向强者看齐，不可鼠目寸光追逐眼前小利。三重实用轻浮利。子女能够好好读书明理，好好做人做事，即使没有科举功名，没有家产厚利，只要不违法不为恶，朴实清白、勤勉为善一生，便也是让祖宗、家族放心了。

袁枚从小受过良好的家庭教育，长大后高中进士。他为官多年，不畏权贵，不谋私利，深得百姓拥戴。正值盛年的袁枚于34岁即辞官隐居，专事诗词文学。面对子女成长成才，历经科举与官场磨练的袁枚，没有好高骛远，没有强求执著，只是希望子弟重实学重远志重实用，体现了他对人生的深刻体悟和对人世的淡定体认，这在当年无疑是极具前瞻性的。即使对当下的家庭教育，袁枚的这种家教思想也是很有针对性、先进性的。

诗书继世

袁枚的家族经历了从荣耀到式微的过程，袁枚的六世祖袁茂英是明万历进士，官至布政使，地位显赫，袁枚在《随园诗话》卷二中尊称他为"茂英方伯"。袁枚高祖即五世祖为槐眉公，他为人稳重严

○ 随园女弟子

谨，任职明崇祯朝侍御史，辅佐史大夫，掌管纠举百官、入阁承诏等大事，袁枚用"矫矫"（威武、卓越的样子）的美誉来表示对高祖的钦佩。这两位世祖除了有为官之才外，皆不乏诗情，他们的为官之风与善诗的才情无形中影响着袁枚。袁枚的曾祖即袁槐眉的儿子，官位介于布政使和知县之间，他一生喜好游览的秉性被子孙辈所继承。从袁枚之祖袁锜开始，袁氏家族由盛转衰。袁锜一生在仕途上历经坎坷，终无作为，但其生性豪爽，侠肝义胆，忠于朋友、敢于担当的豪侠性格对袁枚父子影响颇深。袁枚的父亲袁滨一生疲于奔波，很难照顾家庭，仅在其研究所长的刑名之学上对年幼的袁枚进行过法律启蒙教育，其乐于为他人排忧解难的精神及侠肝义胆的作风在袁枚身上得到了传承与发扬。纵然因为袁枚父亲、祖父常年在外游幕，袁枚很少直接受到他们的当面教导，但袁氏家族良好的家族遗风仍潜移默化地影响了他。

母教典范

袁枚的父亲袁滨一直游幕（旧时离乡作幕宾、幕友）四方，其叔父袁鸿也常年漂泊在外，因此，无论从学识才情还是在道德人格方面，袁枚更多接受的是家中三位女性的熏陶和教育。

袁枚虽钦佩祖父的豪侠作风，但从未见过他，而祖母柴氏却抚育照顾袁枚从小一直到成年。柴氏有着丰富的人生阅历，她常将这些人生故事生动地讲给袁枚听。这对于袁枚来说不仅是一种初步的社会启蒙式的人生教育，而且有的故事还成为袁枚日后诗文创作的素材和灵感来源。

在人格道德素养方面，对袁枚影响最大的应属其母亲章氏。章氏出身书香世家，从小受过良好的家教，性情慈和端静，温文尔雅，知书达理，而又坚忍刚毅。她为人善良仁慈，善于体察他人之处境，即便是童仆稍做劳务，她也会给出丰厚的报酬。对待邻里，纵然是贫贱的老妇，她也以礼待之。章氏最难能可贵的是其早年吃苦耐劳，独立承担起照料袁氏一家老小的生活重担，彰显了中国妇女任劳任怨、坚忍不拔的宝贵品质。从袁枚幼小至其成年之时，不管他犯什么过错，章氏教育他从来没有采用过体罚的方式，而必定用委婉的语言加以引导，唯恐伤害袁枚的自尊。这样的教育方式反而令袁枚反躬自省、谨言慎行，对母亲更加敬畏。母亲的上述品质均融入了袁枚的血液中，对其品德的熏染和学识的增进都影响深远。成年后的袁枚对母亲感恩戴德，极尽孝道，以作反哺之报。

袁枚的姑母沈氏是袁枚的重要启蒙教师，在多方面对袁枚进行启发诱导。姑母沈氏对袁枚的教育内容主要分为两大类，一类是经文释义，一类是文史解读。经文学习方面，姑母在袁枚年幼之时便教授他读《尚书》中的《盘庚》、《大诰》等名篇，让其通晓为官、为民之道。她告诫袁枚为官应心系百姓，清廉奉公，令百姓安居乐业，百姓自然敬之。作为普通民众，唯有辛勤努力地耕作，才能有所收获。

这些道理深入袁枚幼小的心灵，为其今后为官为政之道指明了正确的方向。相比于经书，年幼的袁枚更喜欢听姑母讲史。姑母沈氏有意在袁枚年幼之时便向他传播历史知识，并注重在讲述历史故事的过程中循序渐进地培养他对待历史的态度。她借助自己对传统故事"郭巨埋儿"的批判，教育袁枚对古人行事不可盲目崇拜，而应持审慎批判的态度，姑母的批判精神对袁枚产生了不可低估的影响。

三位知书达理、温文尔雅、思想开明的女性长辈给了袁枚丰厚的成长养料。祖母、生母、姑母对袁枚的影响是终身的，她们三位是母教的成功典范。

肆 参考文献

［1］《诫子弟书》编委会.诫子弟书［M］.北京：北京出版社，2000：414—421.

［2］王英志.袁枚评传［M］.南京：南京大学出版社，2002：33—54，312—352.

［3］王英志.文采风流——袁枚传［M］.北京：东方出版社，2012：1—23.

［4］翟博主编.中国家训经典［M］.海口：海南出版社，1993：728—733.

（执笔：杨优先）

段氏家训

壹 内容选粹

原文

不种砚田①无乐事，不撑铁骨②莫支贫。

注释

① 砚田：旧时读书人以文墨维持生计，因此把砚台叫做砚田。

② 铁骨：刚强不屈的骨气。

译文

没有读书就无法获得真正的快乐，没有刚正不屈的骨气就无法承受生活的艰苦。

贰 背景简介

○ 段玉裁

清朝康乾时期，段氏家族世居江南古城金坛。这个家族在乾隆年间因出了一名朴学大师段玉裁而声名大震。段玉裁（1735—1815），字若膺，号懋堂，晚年又号砚北居士、长塘湖居士、侨吴老人。清代文字学家、训诂学家、经学家。乾隆二十五年（1760）中举，乾隆三十五年（1770）任贵州玉屏县知县，两年后调任四川富顺、南溪和巫山等县知县。仕宦期间，均携《六书音均表》于身边，每每处理完公家事务至深更半夜，仍置灯于笼中，以口气嘘物取暖，编著、修改文章。后以父母年迈多病、自身有疾为由，辞官归故里，卜居苏州枫桥，潜心著述和藏书。段玉裁曾师从戴震，继承并深化了其师的语言学研究，从而成为乾嘉学派之重要人物。著有《说文解字注》、《六书音均表》、《古文尚书撰异》、《毛诗故训传定本》、《经韵楼集》等，其中《说文解字注》是段氏穷其毕生心血的扛鼎之作，也是我国小学研究的经典之作，在学界影响深远，被王念孙评价为"盖千七百年来无此作矣"。

在当时的金坛，段家属于书香门第。段玉裁的祖父、父亲都是秀才出身，有文名，以课徒为生，耕读传家。在科举盛行的年代里，学而优则仕，年轻人要想改变被束缚在土地上的命运，就只能走读书这条路。而在封建社会里，因利禄所系，儿孙走科举之路是每个家庭的最大愿望。在段玉裁之前，段氏家族之中只有秀才，没有一个中举者。但段家非常重视家庭教育，以课徒为生的祖父、父亲对段玉裁倾注了很大的家族期望。

段玉裁的祖父段文曾有诗句："不种砚田无乐事，不撑铁骨莫支贫。"后来段氏家族便把这句话作为段氏家训，告诫后代即使生活贫困也要读书，更要有骨气。刘盼遂在《段玉裁先生年谱》中用"赤贫"、"食贫"两个词来形容段氏家族当时生活的拮据。由此看来，段氏家族当时并不富裕，但是后代都谨记祖训，勤学苦读。功夫不负有心人，段玉裁牢记祖训，终生勤勉读书，一身正气，终成旷世朴学大师。而段玉裁外孙龚自珍从小深受外家影响，后成为著名文学家、思想家、诗人，更为段氏家族增添了别样的光彩。

叁 延伸阅读

段玉裁一生取得如此辉煌的成绩与从小受到良好的家庭教育密切相关。尽管当时段氏家族并不富裕，但段玉裁从小勤奋读书，长大后有幸谋得一官半职也不忘恪尽职守，为老百姓多做善事。

勤奋苦读

段玉裁的祖父和父亲都是邑庠生（秀才），他从小在书香浓浓的家庭长大，接受了良好的家庭教育，这为他日后取得辉煌的成绩打下了深厚的基础。

乾隆五年（1740），段玉裁只有6岁，由祖父发蒙，开始学习

○ 段玉裁纪念馆

《论语》。《论语》在当时的科举考试中占很大的比例，八股试题主要从这本书中摘取。祖父如此重视长孙段玉裁的教育，其实也是希望子孙走科举之路，学而优则仕，将所学知识运用到国家治理中，为国家富强贡献自己的一份力量。

乾隆七年（1742），段玉裁8岁，便跟随四叔祖父季逊公读《春秋传》，一年之后，改以父亲为师。父亲以读书为他一生的追求，"不种砚田无乐事"。受父亲影响，段玉裁也将读书作为自己的人生目标。姚鼐在《封文林郎巫山县知县金坛段君墓志铭》中称，段玉裁父亲"其训必使以读经为根本，与讲授熟读之，唯恐有弗达也。朝夕课之，多方以诱之，唯恐己力之余而弗致也。其后学徒多成立，而君子玉裁遂以经学名天下者，君之教也"。可见，父亲对段玉裁进行教育时以"经"为本，讲授与背诵相结合，注重启发诱导。

勤政为民

乾隆三十五年（1770）三月，段玉裁凭借举人的身份担任贵州省玉屏县知县。当时的玉屏经济文化比较落后，为荒芜偏僻之地。尽管如此，段玉裁还是毅然决然地前去上任，毫无埋怨心理。乾隆三十六年，大金川土司索诺木与小金川土司僧格桑相互勾结，发动了一场叛乱，一直没有被平定。乾隆三十七年，段玉裁因军事上的失误被罢职，随后来到四川候补，先被派到富顺署理县事，之后奉命前去林坪兵站管理事务，主要负责为平定战乱的将士提供粮草诸事，此事事关平定叛乱胜负，段玉裁丝毫不敢懈怠。乾隆四十五年，段玉裁因病辞官，为自己的为官生涯画上了句号。传说段玉裁辞官回乡时曾带回72只箱子，皆沉重不堪。俗谚"三年清知县，十万雪花银"，乡人误以为72只大箱子里装的都是钱财，纷纷前来借贷。岂知打开这些箱子后发现全是书籍，乡人不免摇头叹曰："真是书呆子！"关于段玉裁的政绩，叶衍兰、叶恭绰在《清代学者像传》中作出如此评价，"所至有政声，本经术为治术，循良叠著，民爱戴之"。从出仕到退休历经十年，段玉裁一直官位不大，但在其位谋其政，兢兢业业、亲民爱民，展现了敬业乐业的精神。

▌广结文友

段玉裁辞官之后，有一次路过南京，去拜访了钱大昕。钱大昕曾经为段玉裁的《诗经韵谱》作序，平生博览群书，对经史、文字等都颇有研究。此时的钱大昕担任钟山书院院长一职，段玉裁此次拜访的目的除了对钱大昕当年作序致谢，还想请教他学术上的一些疑难问题，这次交往使两人在许多问题的看法上产生了共鸣，结下了深厚友谊。

除了钱大昕，段玉裁于游历之间广结文友。在金坛老家，他认识了金榜、刘端临、卢文弨，除了以上几位老乡，还有王念孙、桂馥、阮元等十几位友人。阮元可谓是达官显贵，历任湖广、两广、云贵总督，为体仁阁大学士加太傅。除了拥有如此显赫的身份和地位之外，阮元也是一位学者，他十分钦佩段玉裁的才华。有一次阮元奉旨校勘《仪礼》，专程上门请段玉裁指导。嘉庆六年（1801），阮元在浙江负责《十三经》的校勘工作，希望能邀请段玉裁任主持。那时的段玉裁已经年近古稀，而且手中还要撰写《说文解字注》，事务比较繁忙，可是受到阮元的邀请，他丝毫没有推脱，而是欣然应允，风尘仆仆赶往杭州。

肆 参考文献

［1］董莲池.段玉裁评传［M］.南京：南京大学出版社，2006：1—4，26—38.

［2］刘盼遂.段玉裁先生年谱［M］.北平：来熏阁书店，1936.

［3］叶衍兰，叶恭绰.清代学者像传［M］.上海：上海书店，2014：276.

［4］蒋文野.金坛望族，经学世家——关于段玉裁家世的考索［J］.《镇江师专学报》1985（04）：34—35.

（执笔：唐文辉）

甘氏家训

壹 内容选粹

| 原文

‖甘氏家训（节选）‖

谚云："世间最难得者，兄弟。"初诵其语，漠然不以为意，今乃知其有味也……每远馆归来，辄相欢聚，清谈竟日。或谈学业，或谈立身制行，或谈齐家之道，或谈教子之方，兄弟之间，怡怡①如也。

我家子弟，无论资性若何，入学之初，均不可不读《孝经》。盖《孝经》一书，文字不多，容易卒业，童幼之子不至苦难，且立身治国之道尽在其中。"庶人"一章，于人尤切。幼时能将此经讲解明白，大本立矣，进而益上，非所难也。万一资性鲁钝，读书无成，另图他业，而此经既熟，但将"庶人"一章，逐日持诵，常切遵循，亦可保家。

我欲汝等读书，并非要汝等猎取高官厚禄，为宗族交游光宠。但欲汝等学道理，识礼义，为乡里善人耳。

谨身节用，以养父母，方可谓之佳子弟。世习诗书，不坠先绪②，方可谓之老世家③。若性情乖僻④，行检有亏，虽猎高科、跻膴仕⑤，吾不取也。

意外之财断不可贪，贪之必有祸。同治初年，家有佣郭某，锄菜后园中，得白金二镒⑥，不敢隐持，归献之先太恭人⑦。太恭人曰："我未埋此，此非我家物，汝即得知发归汝，我不取也。"……先太恭人义不贪意外之财，可以垂为家范，故乐与汝等述之。凡我子孙，均当奉以为法。

注释

① 怡怡：和顺的样子。

② 先绪：祖先的功业，祖先开创的家风。

③ 世家：世禄之家。

④ 乖僻：古怪、孤僻。

⑤ 膴（wǔ）仕：高位厚禄。

⑥ 白金二镒（yì）：40两银子。白金，古指银子。镒，古代重量单位，一镒为20两。

⑦ 先太恭人：已经去世的母亲（或祖母）。太恭人，明、清时四品官之母或祖母的封号。

译文

谚语说："世间最难得的就是兄弟。"初读这句话时不以为然，现在才明白其中的道理……兄弟们每次从学馆回来，都欢聚一堂，整日畅谈。互相交流学业问题、立身行事、治国治家以及教子方法，兄弟之间友爱和睦。

我家子弟，不论天资如何，一入学都要读《孝经》。因为《孝经》文字不多，浅显易懂，适合儿童阅读，并且书中包含着立身治国的道理。"庶人"一章，与人关系尤为密切。幼小时能将此经讲明白，能为人的一生打下良好的基础。一旦有人天资不高，读书没有取得成就，需要另谋出路，如果每日诵读"庶人"一章并尽力践行，也能治理好家业。

我让你们读书，并非想让你们升官发财、光宗耀祖，而是想让你们学习做人的道理，懂得礼义廉耻，成为乡里的好人。修身饬行，节省其用，赡养父母，才能称为优秀的子女。世世代代读书学习，不败坏家风，才能称之为世禄之家。倘若性情乖张偏执，品行不端，即使饱读诗书得到高位厚禄，我也不赞成这种做法。

意外获得的钱财一定不能据为己有，贪财一定会引发祸乱。同治初年，家里的佣人郭某在后花园除草的时候发现40两银子，不敢私留，回来后把银子献给了祖母。祖母说："我并没有把银子埋到这个地方，这不是我家的东西，倘若你知道是谁之后归还给他，我不能私留。"……已故祖母为人仁义，不贪图他人财物，成为家族典范，所以我很高兴和你们讲这个故事。凡是我的子孙，都应该将此作为家法来遵守。

貳 背景简介

○ 甘熙大院

甘氏一族祖上名人很多，相传战国时秦国丞相甘茂之孙甘罗，三国时孙吴名将甘宁，清朝雍正、乾隆年间大侠甘凤池与其兄甘凤泉，均为甘氏族人。甘氏一族在明末迁入南京城，家族子孙颇多，清嘉庆四年（1799）开始搬进今天的甘家大院（亦称甘熙宅第或甘熙故居）。作为世居南京的大族，金陵甘氏在清代中后期家业达到顶峰，其居住的甘家大院被民间俗称为"九十九间半"，是南京目前面积最大、保存最完整的私宅，整个建筑反映了金陵士绅阶层的文化品位和伦理观念。建筑的布局讲究子孙满堂、数代同堂，宅第规模庞大、等级森严，各类用房的位置、装修、面积、造型都具有统一的等级规定。

甘氏一族至甘国栋这一代，都是以经商为业，经过几代人的努力，家境日益富裕。甘国栋多年经商，历经社会的政局动荡，他感受到社会变化无常，个人不论多么强大，难免会有失败的时候，唯有亲近之人、手足兄弟最为可靠。为了家族的长盛不衰，他提出"友恭"的精神，并将"施敬堂"改为"友恭堂"。"友恭"二字源于《三字经》中的"兄则友，弟则恭"，意思是家族中的兄弟要团结友善，弟弟要尊敬兄长，哥哥要爱护弟弟。只有家庭和谐，才能增强家族凝聚力，家族才能越发壮大。甘家后世子孙以"友恭"作为为人处世、言行举止的标准，成就了一代代家风儒雅的名士。

甘福（1768—1834），清藏书家甘国栋之子。字德基，号梦天，江宁（今江苏南京）人，清代藏书家。甘福尊老爱幼，惜老怜贫，乐善好施，所以乡亲们美其名为"孝义先生"。道光十八年（1838）受旌表，塑像祀于南京夫子庙大成殿。编有《津逮楼书目》18卷，著有《钟秀录》等。名扬东南的津逮楼为甘福所建，藏古典善本甚丰，藏书共达10万余卷，人称"蓄书之富"推甘氏津逮楼为最。津逮楼始建于清道光十二年（1832），太平天国运动时被毁于纷乱战火，甘氏苦心收藏的古籍和金石书画也消失殆尽。甘氏家族众议之后决定将幸存的部分藏书捐献给南京龙蟠里国学图书馆（今南京图书馆古籍部）珍藏。如今，津逮楼得以重建，成为收藏善本古籍、甘比藏书、碑刻文物的地方文献资料中心。津逮楼具有厚重的历史传统与深刻的人文内涵，它所保留下来的珍贵文化遗产充分反映出金陵文脉的悠久历史与灿烂文明。

甘熙（1797—1853），字实庵，江宁人，甘福次子，晚清著名文人、金石家、藏书家。清道光十八年（1838）中进士，曾做过广西、湖南等地知县，后在京都礼部任职。甘熙博览群书，博学强记，精通地学，曾对南京历代掌故、民风民俗、街巷名称沿革等仔细搜罗考证，编撰了南京方志著述多种。著有《白下琐言》、《桐荫随笔》、《栖霞寺志》等。

《甘氏家训》由清末花隐老人甘树椿撰写，其中包括慈孝、勉学、修身、为人处世、待人接物等方面，并将甘国栋、甘福和甘熙几代人提倡的"友恭"精神融会其中，整篇文章语言质朴流畅，耐人寻味。这本家训花费了甘树椿老人的毕生心血，读来情真意切、诚挚感人。甘树椿在《甘氏家训》中说："我家自祖父以来，专以耕读为业，不干预地方公事。愿我子弟笃守家风，专务本业，奋志读书。"即便是耕田务农也要"奋志读书"，可见甘氏一族的家庭教育强调读书的目的在于提高人的素质和敬业精神，力图使读书的子弟践行一种学以致用的人生哲学。

叁 延伸阅读

尽管《甘氏家训》直到清末才撰写完成，但是甘氏祖先强调的慈孝、友恭、勉学、修身、为人处世、待人接物等方面的精神在甘福、甘熙这两代人身上已体现得淋漓尽致。

孝悌为本

甘福从小聪明伶俐、机智过人，看书有过目不忘、出口成诵的本领，5岁就能对对子。他的私塾先生对他评价颇高，预言其长大以后必成大器。不幸的是，因为家境贫寒，又是家中长子，他在14岁时被迫放弃学业，肩负家庭的重担。

甘福乐善好施，以礼事亲，敬长友兄，孝顺父母，所以乡邻之间对他有"孝义先生"的尊称。甘福在父母尚未到花甲之年的时候，就主动侍奉在父母左右，希望父母能颐养天年。后来，母亲患了肝病，为了治愈母亲，他不辞辛苦走遍千山万水为母亲寻医求药。父亲患伤寒七日不得好转，甘福对三位弟弟说："做儿子的，不仅仅是父母在世的时候孝敬他们，还要办好他们的后事，如果安葬不得其所，那罪名可就大了。"后来，父母相继去世。为了安妥好父亲的后事，甘福费尽苦心，寻访各地，最后将父亲安葬在西板山，同时安置六楹的享堂和百亩祭田。甘福也严守古代守孝礼法，戒荤吃素，三年不入寝室。

父母去世后，由甘福主持家里大小事务，他对弟弟们严中有爱，弟弟们对他也视如父母。为了维持家庭和谐，他在家政事务方面一向比较民主，凡事和弟弟们商量之后再作决定。1825年，弟弟甘遐年和甘鹤年相继去世，甘福得知消息后悲痛欲绝、食不下咽，可见他们兄弟情深。

乐善好施

除了孝敬父母、友爱兄弟之外，甘福还乐善好施，毕生践行"友恭"的家训，做了许多好事，却没有给自己和后代留下一点积蓄。甘氏祖先敬侯墓很久都未整修，墓道也被强行侵占，甘福捐出1000多两黄金，又鼓

○ 友恭堂

动族人捐款，最终将敬侯墓重修完整，并在旁边新建了宗祠，以祭祀家中的孝子。宗祠西面建有义塾，专门供家境贫寒的子弟来读书，甘

福还请了老师来辅导他们的功课。

嘉庆十九年（1814），江宁遭遇饥荒，很多人食不果腹，甘福毫不吝啬地捐出六百金和四百斛粮食用来拯救难民。他虽然没有功名利禄，却是实实在在地为地方百姓行善，凡遇需救助之人必定慷慨解囊。他曾说过："大丈夫达则善天下，穷则善乡井，凡有益于世者，力所能为必为之。"甘福一生的善举正是对这句话最好的注脚。

| 亲身实践

道光年间，南京发生水灾，当时很多人提出开后湖、通长江的建议，但这种做法只顾及眼前利益，长远看来并不合适。甘熙并未盲目地附和众议，而是亲自实地勘察，并撰写了《后湖水利考》，制止了开后湖的大错。甘熙在《后湖水利考》中点出发生水灾的原因是日积月累的淤泥，而不能采取开后湖的办法，因为开闸可能淹没百姓的房舍，闭闸可能会淹没百姓的农田，无论开闸还是闭闸都可能会给百姓带来沉重的灾难。要想从根本上解决这一问题就必须清除淤塞，开通河道。甘熙由此说服了众人，从根本上解决了水灾隐患。

虽然《甘氏家训》在甘福一代并未成文，但是甘福毕生都躬身践行着《甘氏家训》中蕴涵的慈孝、友善、勉学精神。甘福从小孝敬父母，友爱兄弟，乐善好施，谨记祖训并亲身实践，对自己的儿子甘熙严格要求，重视家庭教育对甘熙的影响。从此，甘氏家训世代相传，终于在清朝末年由花隐老人甘树椿穷其毕生心血撰写成文。

肆 参考文献

［1］马麟，杨英.甘熙宅第史话［M］.南京：南京出版社，2008：51—52，72—74，84—88.

［2］杨英.金陵甘氏的友恭家训［J］.《江苏地方志》2015：16—17.

［3］卢正言.中国历代家训观止［M］.上海：学林出版社，2004：193—194，271—272.

［4］郭齐家，李茂旭.中华传世家训经典［M］.北京：人民口报出版社，2009：1450—1451.

（执笔：唐文辉）

张謇家训

壹 内容选粹

原文

‖家诫‖

我之爱子孙，犹之古人也。爱之而欲勉之以进德而继业，亦犹古人也，与其述己意，毋宁述古人，乃掇①古诫子语，书庭之屏，俾②出入寓目而加省。若先世言行之足资师法者，自有述训在。

董生有云："吊者在门，贺者在闾"，言有忧则恐惧敬事，敬事则必有善功，而福至也。又曰："贺者在门，吊者在闾"，言受福则骄奢，骄奢则祸至，故吊随而来。

——汉·刘向

君子之行，静以修身，俭以养德，非淡泊无以明志，非宁静无以致远，学须静也，才须学也；非学无以广才，非志无以成学，慆慢③则不能励精，险躁④则不能治性。

——三国·诸葛亮

言思乃出，行详乃动，皆用情实道理，违斯败矣。

——魏·王修

百世小人，知读《论语》、《孝经》，尚为人师，若能保书，终不为小人。谚曰：积财千万，无过读书。

——隋·颜之推

凡门地高，可畏不可恃，立身行己，一事有失，则得罪重于他人，门高则骄心易生，族盛则易为人所妒，懿行实才，人未信之，少有疵累⑤，人皆摈之。

——唐·柳玭

立心以忠信不欺为主本，行己以端庄清静为操执，临事以明敏果断辨是非。

——宋·胡安国

勿妄与人接，只是勤俭，循之而上，有无限好事，吾不敢言，而窃为汝愿之，反之而下，有无限不好事，吾不欲言，而未免为汝忧之。

——宋·朱熹

民国十年辛酉八月

注释

① 掇（duō）：搜集。

② 俾（bì）：使（达到某种效果）。

③ 慆慢（tāo màn）：怠慢，怠惰。

④ 险躁：轻薄浮躁。

⑤ 累：缺点或过失。

| 译文

我爱护儿孙，和古人一样。我爱他们，而且要劝勉他们，使他们品德精进，能够继承家业，这也和古人一样。与其表述我的心意，不如转述古人的教诲，于是，我摘取古人诫子语录，刻写在庭中的石屏上，使子孙后人进出能方便看到，进而加以反省。如果先辈的言行足以用来学习效法，自然有很多流传下来的训诫可以追述。

过去董仲舒说过："如果家中有人前来吊唁、慰问，其后自然就会有人前来庆贺。"这说的是，如果家中有值得忧虑的事，就会小心谨慎地做人做事；小心谨慎地做人做事，一定会有善行和功德，这样的话，幸福就会来到。董生又说过："如果家中有人前来庆贺，其后自然就会有人前来吊唁、慰问。"这说的是，如果家中有福享受，就会变得骄纵、奢侈；骄纵、奢侈就会招来灾祸，这样的话，吊唁、慰问的人就会随之而来。

——汉·刘向

君子追求德行，要做到用宁静的心来修炼性情，用恭俭的心来涵养品德。不恬淡寡欲就不能明确志向，不平和宁静就不能实现远大理想。学习需要心静，才识来自学习。不学习就无法增长才识，不明确志向就不能成就学识。消极怠慢就不能振奋精神，轻薄浮躁就不能陶冶性情。

——三国·诸葛亮

思考成熟了，才可以说出来，行动考虑周密了，才可以实施。一切都要符合实际情况，符合道理做事，违背了这样的原则，就会招致失败。

——魏·王修

世代地位低下，懂得读《论语》、《孝经》的人，还能成为人家的老师。富贵子弟如果能坚持读书学习，最终也不会沦为地位低下的人。谚语讲得好：积累万贯家私，不如坚持读书学习。

——隋·颜之推

身处高贵门第，应该保持敬畏之心，不能只有依赖之想。为人处世，如果稍有闪失，就会得罪他人。门第高贵，就会容易滋生骄纵之心；家族兴盛，就会招人妒恨。德美才高，人们也未必相信。稍有过失，人们则会很快摒弃。

——唐·柳玭

忠实诚信是人立身的根本，端庄清静是人行事的操守，明白、敏捷、果断、是非分明是人处理事情的品质。

——宋·胡安国

不要总想着结交别人，重要的是勤劳俭朴。循着这条路往上走，就会有无限的好事。我不愿意说透，但我在心里为你祝愿。如果反其道而往下走，就会有无限的不好的事情。我不想说出来，却不能不为你担忧。

——宋·朱熹

贰 背景简介

张謇（1853—1926），字季直，号啬庵，生于江苏省海门市常乐镇。清末状元，中国近代著名实业家、慈善家、社会活动家、教育家。

张謇十分注重家庭教育，重视家训家风传承。他搜集历代重要教

○ 张謇

育名家关于教育的名言警句，加以整理编辑，录成七条，以《家诫》为名勒石成碑，训诫家族后人要从修身齐家开始，严格要求自己，希望后人不辱门风、永振家声，可谓用心良苦、语重心长。他的后人没有辜负他的一片良苦用心，恪守家训，均成就斐然。独子张孝若从小受到父亲爱国主义精神的熏陶，意志坚定，性格温和，毫无骄娇之气。张孝若1918年自美国留学回国，即创议并协助张謇于1920年成立南通县自治会。梁启超曾致信张謇谈道："昨得睹南通县自治会报告书，颇有生子当如孙仲谋之感。"张孝若曾任扬子江水道委员会会长等职。张孝若的小女儿张聪武在抗日战争中不幸牺牲，现安葬于南通烈士陵园；大女儿张非武也积极投身抗日，后与丈夫在美国和台湾等地创办企业；长子融武为香港大学教授；次子张绪武学生时代就参与地下党工作，投身抗日救亡运动，建国后历任江苏省副省长、全国工商联常务副主席等要职。

张謇摘录刘向、诸葛亮、颜之推等七位古人的教子警言编成的《家诫》，由他按朝代先后亲自题写，并请当时的著名刻工镌刻成碑。此《家诫》碑现存南通博物苑。

叁 延伸阅读

张謇按时间顺序辑录了古代七位名人的诫子语录，首段以"祸福相依"的哲学思想统领全文，强调立诫的迫切性，是"诫"之纲；第二段修身养德是做人的根本，是"诚"之基；其余五段都是围绕这个"根本"展开。整篇《家诫》纲举目张，思路清晰，形成一个有机的整体；文辞简练，寓意深刻，耐人寻味。

所引刘向的名言，是欲以此告诫子孙得志时不要骄傲，保持头脑清醒，居安思危，持盈保泰。所引诸葛亮的名言，是期望后世子孙能够宁静反省，修养自身。所引王修的名言，是告诫子孙说话要经过思考才出口，行事要经过周密考察才能做，说话做事都要合情合理。所引颜之推的名言，是希望子孙重视读书以练诗书传家久。所引柳玭的名言，是告诫子孙要常怀敬畏谨慎之心，珍惜家声，低调周全，不可生骄纵之心。所引胡安国的名言，是告诫子孙要诚信、清静、果断，修身齐家、为人处世做事要明理。所引朱熹的名言，是告诫子孙要勤俭立身安身，要体会勤俭才能有无限好事的道理。

家庭的状况关乎国之兴衰，亦系于人之祸福。家诫是家庭发展到一定阶段的产物，它是齐家的工具，又是修身的指南，对家庭的兴旺和家庭成员的成长有很大影响。作为观念形态的家诫，是社会道德伦理的规约化，它将纷繁复杂的道德伦理浓缩为简单明白的条文，作为整治家庭、教育子孙的教条，以达到家声永振、家风赓续、家业兴旺、家道昌盛的目的。张謇所引的七位名人都是家庭教育的行家，其中诸葛亮、颜之推、柳玭更是对此有精深的研究。颜之推总结自己的社会经验和人生思考，为教育子孙写成的《颜氏家训》，被世人誉为"处世良轨，渡世金针"。总之，这种简单易行、行之有效的教育方式应当有它存在的价值。培育和践行社会主义核心价值观，家庭无疑是一个重要的阵地。家庭教育的手段、方式、目的、内容、效能都有其特殊性，如果能发挥好家训家诫在家庭教育中的正面作用，让每个家庭成员都能从小就树立规矩意识、诚信意识、勤俭观念、戒骄戒怠态度，势必会极大地促进社会主义核心价值观落实落小落早落细。

○ 南通张謇故居

肆 参考文献

[1] 沈振元，徐晓石. 论张謇《家诫》的内涵及其当代意义. 海门市张謇研究会，2015（10）.

（执笔：张金鑫）

荣氏家训

壹 内容选粹

原文

第一则 圣谕当遵

孝顺父母，尊敬长上，和睦乡里，教训①子孙，各安生理②，毋作非为，此明太祖训辞也。只六句，已包尽为人道理。我朝圣谕广训十六条，天语煌煌，弥加详备，凡我士庶③，宜各诵习，冀成善俗焉。

注释

① 教训：教育训诲。
② 各安生理：各自安心从事自己的职业，过自己的生活。
③ 士庶：泛指人民、百姓。

译文

孝顺父母，尊敬长上，和睦乡里，教导子孙，各自安心从事自己的职业，过自己的生活，不要胡作非为，这是明太祖（朱元璋）的训词。只六句，已经包尽做人道理。我朝圣谕广训十六条，天语煌煌，更为详细，凡是老百姓，都应该背诵，希望能够倡导和善的社会风气。

原文

┃第二则　孝弟①当先┃

孝也者，善事父母之谓；弟也者，善事兄长之谓。循此道，则为端人，为正士，即至圣贤不难；违此道，则为逆子，为恶人，虽与禽兽何异。世无愿为不孝不弟之人者，但其始起于忽微，而无人教正之，遂入于大恶矣。今后吾族子孙，如有不孝不弟者，众执而切责之，开其自新之路。倘仍怙恶不悛②不可贷③者，众鸣于公，以正典刑。

注释

① 弟：通"悌"。

② 怙恶不悛：坚持作恶，不肯悔改。怙，依靠，依仗。悛，改过，悔改。

③ 贷：宽恕，饶恕。

译文

孝顺，说的就是好好对待父母；悌，说的就是好好对待兄长。遵循这样的道理，就能够成为正直的人士，即使达到至贤也不难。违背这样的道理的人，就是逆子恶人，和禽兽有什么区别？世人没有愿意成为不孝不悌的人的，但是变坏都是从细小的事情开始的，又没有人教导纠正，于是就沦落为极恶的人了。以后我们族里的子孙，如果有不孝不悌的人，大家就拿家训严厉地责教他，给他改过自新的门路。如果他坚持作恶，不肯悔改，实在无法原谅，大家把他的恶行公之于众，交给衙门处理，来维护法典刑罚。

原文

‖第三则　祠墓当展‖

祠，祖宗神灵所依；墓，祖宗体魄所藏。子孙思祖宗，不可不见所依所藏之处，如见祖宗一般。春秋祭祠，一岁不过二次。凡年在十六以上者，均宜衣冠往拜，必敬必诚。祭毕而燕①，尤宜分别尊卑，挨次序坐，不可杂乱喧哗。至于墓祭，苟非远出及有病，必须亲往。有坏则葺，有漏则补，蓬棘则剪伐之，树木则爱惜之。其历代祖坟，或被侵害、盗卖、盗葬等情，则同心合力而复之。此事死如生、事亡如存之道，族人所宜急讲②者。

注释

① 燕：通"宴"。

② 讲：注重，顾及。

译文

祠堂，是祖宗神灵所归依的地方；坟墓，是祖宗身体所安葬的地方。子孙怀念祖宗，不可以不拜见他们所归依安葬的地方，（拜见这些地方）就如同看见祖宗一样。春秋祭拜祠堂，一年两次。凡是16岁以上的，都应该穿戴整齐前去祭拜，拜见的时候一定要毕恭毕敬。祭拜完之后，统一设宴。参加宴会的时候，尤其要区分尊卑，按照此序落座，不可以杂乱喧哗。至于扫墓，如果不是出远门或者生病了，一定要亲自前往。坟墓坏了的地方，就要修补；有杂草，就要剪去；如果是树木，则要细心养护。历代祖坟，如果有被损害、盗墓等情况的，一定要同心合力把它修复好。这种对待亡故死者如同侍奉存世生者（一样恭敬）的道理，族人一定要尽快宣讲告知。

原文

‖ 第四则　族长当尊 ‖

古者宗法立，而事统于宗；今宗法不行，而事不可无统也。一族之人，有长而公正者焉，分莫逾而贤莫及也，合族宜尊敬而推重之，有事必禀命焉。有司父母[①]，斯民势分相悬，而情或不通。族长率领一族，耳目甚近，无不立辨其是非者。凡我族人，咸知敬信，庶事[②]有所统，而里中不肖子弟稍知畏惧云。

注释

① 父母：父母官。
② 庶事：众多事情。

译文

古代立宗法，事情都统一由宗法裁决；如今不施行宗法了，但是事情不能没有统一调度。年长而公正、不逾越本分礼法、贤能无双的族中之人，全族人应该尊敬并且推崇他（成为族长），有事一定要禀告他。父母官，老百姓和他们比起来，势力悬殊太大，情理可能也说不通。但是族长率领全族，大家彼此熟悉亲近，这样立刻就能判别是非对错。凡是我们族里的人，都要尊敬信任族长。这样众多事情能够有人统领管理，无能的子弟也知道有所收敛。

原文

第五则 宗族当睦

《书》曰：以亲九族。《诗》曰：本支百世①、睦族者，圣王且重，况在众人乎！观于万石君家，子孙醇谨②，过里必下车，此风犹有存焉者欤！末俗或以富贵骄，或以智力抗，或以顽泼欺凌，虽能争胜一时，实皆自作罪孽。况相角相仇，循环不辍，人恶之，天厌之，未有不败者，何苦如此！

尝谓睦族之要有三：曰尊尊③，曰老老④，曰贤贤⑤。名分属尊行者尊也，则恭顺退逊，不敢触犯；分属虽卑，而年齿迈众者老也，则扶持保护，事以年高之礼；有德行者贤也，贤乃本宗之桢干⑥，则亲炙之，景仰之，每事效法，忘分忘年以敬之。此之谓"三要"。又有"四务"：曰矜⑦幼弱，曰恤⑧孤寡，曰周⑨窘急，曰解忿竞⑩。幼者无知，弱者鲜势，人所易欺，则矜之。一有怜悯之心，自随处为之效力矣。鳏寡孤独，王政所先，况我同族，得于耳闻目击者乎，则恤之。贫者恤之善言，富者恤之财谷，皆阴德也。衣食窘急，生计无聊，虽或自取，命运亦乖，则周之。量己量彼，可为则为，不必望其报，不必使人知，吾尽吾心焉可矣。人有忿，则争竞，得一人劝之，气遂平，遇一人助之，气愈激。然当局者自迷，居间而排解之，族人之责也，亦积善之事也。此之谓"四务"。引申触类，助义田，建义仓，立义学，筑义冢，周旋同族，使死生无所失，皆豪杰所当为者。善乎！

范文正公①之言曰：宗族于吾，固有亲疏，自祖宗视之，均是子孙，固无亲疏。此先贤之格言也。人能以祖宗之念为念，自知宗族之当睦矣。

注释

① 本支百世：指子孙昌盛，百代不衰。

② 醇谨：淳厚谨慎。

③ 尊尊：尊重尊贵的人，如子对父、妻对夫、弟对兄、庶对嫡、臣对君、下对上等。

④ 老老：以敬老之道侍奉老人。

⑤ 贤贤：尊敬、崇敬有德行、有才能的人。

⑥ 桢干：指重要的起决定作用的东西。

⑦ 矜：怜悯。

⑧ 恤：救济。

⑨ 周：周济。

⑩ 忿竞：怒气、计较。

⑪ 范文正公：即范仲淹，谥号文正。

译文

《尚书》说：要使全家族都能亲睦融洽。《诗经》说：子孙昌盛、百代不衰、家族和睦，君王尚且重视，何况普通百姓呢！看看万石君石奋，他的子孙淳朴谨慎，经过宫门一定下车，这样的风气现在还有留存的吗？世俗之人，有的凭借富贵骄横，有的凭借才智抗衡天意，有的凭借顽劣泼皮欺凌别人，这些人虽然能够争得一时胜利，但其实都是自作孽。何况相斗结仇，循环往复，人神共厌，没有不败落的。何苦这样呢！

所谓的和睦宗族有三个要旨：尊重尊贵的人，以敬老之道孝敬老人，推崇贤能的人。给尊贵的人以尊贵的名分，其他人就会恭顺谦逊，不敢触犯他；名分虽然低下，但是年纪大了，众人都应该扶持保护他，以尊老之礼侍奉他；有德行的人就是贤人，这是我们宗族的骨干，大家都应该亲自向他请教，敬仰他，事事效仿他，不在乎辈分年纪地尊敬他。这就是所说的"三个要旨"。又有"四个要务"：怜悯幼小势弱之人，体恤孤寡之人，周济困窘危急之人，点化愤懑之人。幼小的人无知，弱者没有势力，这是人人都容易欺负的对象，我们就应该怜悯他们。一旦有怜悯之心，就应该随处为他们服务。鳏寡孤独，这是君主施政首先要考虑的群体，何况是我们同族，能够亲耳听到亲眼看到呢！我们应该救济他们。如果没有钱，就用善言安抚他们；如果有钱，就用钱财粮食照顾他们。这都是积阴德。衣食困顿，生活没有依靠，虽然说或许是他们咎由自取，但他们的命运也不好，就周济周济他们吧！考虑自己，想想别人，能帮就帮，不必期望人家回报，不必扩散周知，我尽了我的心意就可以了。人有怨气，就容易争一时意气。得到一个人劝他，心气就能平缓；遇到一个人助推，意气就会更盛。然而当局者迷，从中调和排解就是族人的责任了，也是积善之事。这就是所说的"四个要务"。触类旁通，开垦义田，建造义仓，设立义学，筑造义冢，周旋同族，使他们生死有所托付，这都是豪杰之人所应该做的事。好事啊！

范仲淹说过：宗族对于我来说，当然有亲疏之分；但是在祖宗看来，本无亲疏之分。这是先贤的格言。人能够以祖宗的念想为念想，就知道宗族应该和睦啊！

原文

‖ 第六则　蒙养当豫① ‖

　　子弟是族中之根基。子弟出得好，族中便有兴隆气象；子弟出得不好，族中便有衰败气象。有志振兴者，宜急加意也。古人有胎教，又有能言之教，自小教起，立法周详，是以子弟易于成材。今俗之教子弟，上者教之作文，取科第而已，文章以外不知也。次者教之杂书算数、市井狙诈之计，以便商贾营生。下者溺爱过甚，任其游荡，先人之目未瞑，而嫖财之资已空，甚至流为乞丐，饥寒以死者往往而有，此虽子弟之不肖，抑亦父兄失教之过也。吾族中各父兄须知子弟之当教，又须知教法之当正，更须知教子弟之当豫。七岁便入乡学，读书多少，随其资质。渐长，有知便择端悫②贤师，日课而外，将孝悌诸故事时加训诲，再令习礼仪，务笃实，近正士，远小人。庶先入为主，习惯自然。纵不能入学中举，就是为农为工为商贾，亦不失为醇谨之善人。

注释

① 豫：通"预"，事先准备。

② 悫（què）：通"愨"，诚实，谨慎。

| 译文

子弟是族中的根基。子孙优秀，本族就有兴隆的可能；子孙败落，本族就有衰败的可能。有志振兴本族的人，应该尽快鼓励鞭策他。古人有胎教一说，又有能言的教法，从小传授教导，立法周密详细，因此子弟容易成才。如今老百姓教子弟，好一点的教他们写诗作文，为了考取功名罢了，（这些子弟）除了文章以外，什么都不知道。次一点的，就教子弟杂书、算术、混迹市井的伎俩，以便他们做小买卖。最不值一提的教育方法是溺爱过甚，任由子弟不学无术，长辈尸骨未寒，但是家产都已经被纨绔子弟败得精光，他们甚至沦落为乞丐，冻死的不计其数。这些子弟虽然没本事，但是他们的父兄也有不教之过。我们族中的父兄一定要知道，子弟应当教导，而且教育方法一定要得当，更要知道教导子孙要有前瞻性。7岁就入乡学，读书多少，随他们的天资。渐渐长大以后，有天资的，就谨慎地选择优秀的老师。每天上课以外，时时用孝悌等故事教导他们，再让他们学习礼仪，以坚定踏实为要务，亲近正直的人，远离小人。这样一来，差不多就可以先入为主，习惯成自然了。即使不能入学中举，就算是做农民、办小作坊、做小买卖，也不失为淳朴、谨慎、善良之人。

| 原文

|| 第七则　闺门当肃 ||

男正位乎外，女正位乎内，人家之成败，女子关得一半，故君子正家，其闺门未有不严肃者。纵家道不齐，如汲井操臼①之类，势所不免。而清白家风，仪度自别。事翁姑②要顺，处妯娌要和，待邻里亲戚要敬要睦；勿贪吃着，勿怠纺织，勿离间伯叔，勿溺爱儿女；堂前勿闻妇人声，勿许六婆入门，勿出门看戏看灯，勿结拜姊妹，勿入庙烧香，勿留尼姑僧道在家看经。或不幸而寡居，则丹心铁石，白首冰霜，虽神明亦钦敬焉。如或不避嫌疑，不分内外，凶傲淫妒，诟谇时闻，维家之索可立待也。谚曰：教妇初来，防微杜渐，尚其慎之。

| 注释

① 汲井操臼：指料理家务。汲井，提水；操臼，舂米。
① 翁姑：公婆的合称。

┃译文

男主外，女主内。一家成败的因素，女子占了一半。所以君子使家庭和睦，那么女子这一方面没有不严肃的。即使是家道不济，要亲自料理家务，这是运势所致，在所难免。但是清白家风，风度自是不同。侍奉公婆要孝顺，和妯娌相处要和气，对待邻里、亲戚要尊敬和睦。不要贪图吃穿，不要在纺织女红上有所懈怠，不要离间伯叔兄弟，不要溺爱儿女。堂前不要大声喧哗，不要允许六婆进门，不要出门看戏看灯，不要结拜姐妹，不要进庙烧香，不要留尼姑、和尚在家看经书。如果不幸守寡，那么要心如铁石，熬到白头，（这样）即使是神明也会敬佩的。如果不避嫌疑，内外不分，凶悍高傲，淫荡善妒，时常听到她的叫骂之声，那么家法伺候！俗话说：教导媳妇要在她才嫁进来的时候，防微杜渐，使之谨慎小心。

┃原文

┃第八则　礼节当知┃

先王制礼三百三千，何等繁重。吾辈士庶，亦宜粗知大概，方不受人耻笑。正衣冠，尊瞻视，言笑不苟，举止安详，此一身之礼也。重师傅，敬宾客，别内外，辨尊卑，庭阶几案，必整必洁，此一家之礼也。又最要者，莫如婚嫁丧祭诸礼。婚不可娶同姓，勿跻妾为妻，勿娶再醮①妇女。未及笄②不过门，夫亡不再嫁，不招赘。门第须辨良贱，勿贪下户货财，将女许配玷辱。宗祊③丧，则竭力于衣衾棺椁坟墓，莫作佛事，棺内不得用金银珍重之物，吊者款茶，途远待以素饭，不得用鸡豕酒宴。服未除，不嫁娶，不听乐，不与宴贺。衰绖④不入公门，葬必择善地，墓上必多栽树木。不得惑于风水，至有终身不葬、累世不葬者。祭则聚精神致，孝享器皿必洁，几筵⑤必整，祭菜必精，尤须备一二时新嘉肴，内外一心，长幼整肃，吾祖庶来飨焉。总之，莫僭越，莫疏忽，斟酌得中，斯谓彬彬之君子。

注释

① 再醮：再次结婚。

② 及笄：古代女子满15岁结发，用笄贯之，故称女子满15岁为及笄，也指已到了结婚的年龄。

③ 宗祊（bēng）：宗庙，代指长辈。

④ 衰绖（dié）：丧服。

⑤ 几筵：亦作"几梴"，几席，乃祭祀的席位，后称灵座。

| 译文

先王制定了众多礼法，这是多么繁重啊！我们老百姓也应该知道大概，才不被人笑话。穿戴整齐，尊重地看别人，言笑不随便，举止安详，这是个人的礼节。尊重师傅，敬待宾客，区分内外，辨别尊卑，庭前台阶、桌子书案一定是整洁有序，这是一个家庭的礼节。最重要的礼节，莫过于婚丧嫁娶以及祭祀。同姓不可通婚，不要把小妾进为正妻，不要娶再婚的妇女。不满15岁的女子，不能娶过门。丈夫死后，女方不应改嫁。不得招赘。要辨别好坏人家，不要贪图嫁妆而把女儿许配过去受辱。族中长辈去世，要尽力料理后事，不要做佛事，棺材里面不要随葬金银等珍贵宝物。吊唁之人，用茶水款待即可；路途远的，就用素饭款待，不必酒肉宴请。孝服未脱，不得嫁娶，不得听乐，不得参加宴会。穿丧服不得进入公门，安葬一定要选择好的地方，墓地要多栽种树木。不要被风水之说迷惑，以致死后终身以至数代不得安葬。祭祀的时候要精神集中，祭祀的器皿要干净，灵座一定要整齐，祭祀菜品一定要精致，尤其要准备一两个时令佳肴。内外一心，长幼整齐肃静，我们的祖先大概就会过来享用祭祀了吧！总而言之，不要僭越，不要疏忽大意，斟酌之后选取最合适的，这就是文质彬彬的君子。

| 原文

‖ 第九则　职业当勤 ‖

士农工商，所业虽不同，皆有本职。惰则职业废，勤则职业修，内可慰父母妻子依赖之心，外可免姗笑①于姻里。然所谓勤者，非徒尽力，亦要尽道。如为士者，必须先德行，次文艺，切勿因读书识字舞弄文法，颠倒是非，造歌谣作，匿名揭帖等。为农者，不得窃田水，盗树木，欺赖租粮。为工者，不得作淫巧，售敝伪器皿。为商者，不得纨绔冶游②，酒色浪费。其或越在四民之外，不士不农不工不商，茶坊酒肆游荡终年者，是为国家之游民，是为天地之废人。倘更有为隶卒、为倡优③者，廉耻既丧，族中当共逐之。

| 注释

① 姗笑：讥笑。
② 冶游：旧时指男子光顾青楼。
③ 倡优：倡通"娼"，娼妓。优，从事表演类活动的人。

译文

士农工商，所从事的事业虽然不同，但都有本职工作。懒惰的话，事业就会荒废；勤快的话，事业就会成功。（成功的话）对内可以安慰父母、妻儿的依赖之心，对外可以不被亲戚、邻里耻笑。所说的"勤"，并不只是尽自己的力气，也要恪守道德修为。比如读书人，必须以德行为先，其次是文字技巧，切不要因为读书识字就舞弄文法，颠倒是非，造谣生事，隐名揭榜等。为农的人，不得盗他人田地里的水，盗人树木，赖着不纳租。做工的人，不得做一些稀奇古怪但无用的东西，售卖假冒伪劣产品。做生意的人，不得贪图游乐，流连酒色。有的可能在此四种人之外，非士非农非工非商，一年到头在茶坊酒肆游荡的人，就是国家的游民，是世上的无用之人。倘若有做奴隶小卒、娼妓优伶的人，他们丧失廉耻之心，全族都应该把这种人驱逐出去。

原文

第十则　节俭当崇

人生福分，皆有限制，如饮食衣服、婚丧喜庆，尽可从俭，不必奢华。一喜奢华，便有许多不受用处，况多费多取。至于多取，不免锱铢必较，惹人憎怨；且不免奴颜仆膝，仰面求人。是节俭二字，非惟可以惜福，抑且可以养品也。昔人有诗云：常将有日思无日，莫到贫时忆富时。又俗语云：省吃省用省求人。言虽俚，可深思焉。

译文

人生在世，福分是有限的，比如吃喝穿着、婚丧喜庆，应尽可能从俭，不要奢华浪费。一旦喜好奢华，就会有许多不受用的地方，何况浪费得多，索取得就会多。索取多了，就会斤斤计较，让人怨恨；又免不了奴颜婢膝，下跪求人。这"节俭"两字，不但可以惜福，而且可以涵养品德。古人曾经说过：富足的时候，要想想有朝一日会一无所有，千万不要等到沦落到不名一物的时候再去回忆当初的优渥生活。又有俗话说：省吃省用省得求人。话虽粗，但值得深思啊！

原文

‖ 第十一则 赋役当供 ‖

以下事上，古今通义。赋税力役之征，国家法度所系。若拖欠钱粮，躲避差役，便不是好百姓，且连累里长[①]为我受苦，于心既不安，设或触怒官长，差提到县，被枷被杖，玷辱身家，却仍旧要办纳，不白吃了一场大亏耶！况今皇恩浩荡，力役之征，民几不知。所征银漕，每年每亩统计不过数百文，此外更无所及。百姓之好做，无如今日者。苟有天良，亦何忍不争先输纳哉！《朱子家训》曰：有钱先完正赋，横竖要完，只须早几日耳。不欠官钱，何等安逸。吾族田产不少，宜共知之。

注释

① 里长：唐朝亦有里正一职，以百户为一里，每里置里正一人。宋初以里正与户长、乡书手共同督税，再以里正为衙前，故又称"里正衙前"。明代改名"里长"，并以110户为一里。

译文

　　地位低的侍奉地位高的，这是自古以来的道理。征收赋税徭役，是国家法度得以遵守的关键所在。如果拖欠钱粮，躲避徭役，就不是好百姓，而且会连累里长为之受苦，心有不安。如果因此触怒长官，被押到县里，枷锁加身，杖刑相向，自己和家人都要受辱，最后还要缴纳办理，不就是白吃了一场亏吗！何况皇恩浩荡，征收赋税徭役，老百姓谁不知道呢！所征收的银子，每年每亩不过数百文，此外就没有了。老百姓的日子，没有像今天这么好过的。假如有良心，怎么忍心不争着先去纳税呢！《朱子家训》说：有钱就先把赋税给缴了，反正是要缴的，只不过早几天罢了。不欠官家的钱，这是多么安逸自在！我们家族的田产不少，大家都要明白这个道理。

| 原文

‖ 第十二则　争讼当息 ‖

做太平百姓，完赋役，无争讼，便是天堂世界。盖讼事有害无利，要盘缠，要奔走，再要势力；若伪造机关，又坏心术。无论官府廉明与否，一到衙门前，便被胥吏索诈，便受胥吏①呵叱。今日探听，明日伺候，幸而见官，理直犹可，理曲到底吃亏，受笞杖，受罪罚，甚至破家亡身，冤仇相报，害及子孙。几曾见会打官司人家，有长进子孙否？以一朝之忿，成百世之仇，有识者不为也。即有万不得已，或关系祖宗、父母、兄弟、妻子事情，私下难处，不得已而鸣官，只宜从直禀诉。官府善察情由，自易剖白，切勿架桥捏词，弄巧成拙。又宜极早回头，不可得陇望蜀，定要争到十分。且须自作主张，切勿听讼师棍党刁唆撺掇，致贻后悔。讼则终凶，凛之戒之。

| 注释

① 胥吏：旧时官府中办理文书的小官吏。

| 译文

做太平本分的老百姓，缴赋税，不要打官司，这就是人间的天堂世界。因为打官司有害无益，要盘缠，要奔走，还要有关系。如果造伪证，又会使心术变坏。无论官府是不是廉明，一旦到了衙门前，就要被小官敲诈勒索，会受到小官的呵斥。今天打听消息，明天送礼疏通，侥幸见到官老爷，有理还好，理屈的话到底会吃亏。受杖刑挨打，遭受罪罚，甚至家破人亡，冤冤相报，祸及子孙。我们什么时候看到打官司的人家有优秀子孙的？因为一时的怨恨而结下永久的仇恨，这是有见识的人不会做的事。即使是万不得已，事关祖宗、父母、兄弟、妻儿等，没法私了，不得不对簿公堂，也应该直接说明事由。官府善于查明真相，归还公道，切切不要捏造伪证，弄巧成拙。同时也应该及早撤诉，不要贪得无厌，非要争到心满意足为止。而且自己也要有主见，不要听讼师挑唆，以致到头来后悔。诉讼到底是不好的事，一定要远离它。

贰 背景简介

荣氏家族，是以荣宗敬、荣德生、荣毅仁为代表的中国民族资本家族。他们靠实业兴国、护国、荣国，在中国乃至世界写下了一段辉煌的历史。荣氏的老家位于无锡市西郊的荣巷。其祖先种稻植桑，以忠厚传家，于明代正统初年从金陵迁来，形成上荣、中荣、下荣三个自然村，直到民国初年才正式建镇。现在的荣巷已经并入市区，但仍保留了一条约400米长的老街，沿街还有150多组青砖黛瓦的老房子。

荣宗敬（1873—1938），名宗锦，字宗敬，早年经营过钱庄业，从1901年起，与荣德生等人先后在无锡、上海、汉口、济南等地创办保兴面粉厂、福兴面粉公司（一、二、三厂）、申新纺织厂（一至九厂），与弟弟荣德生同被誉为中国的"面粉大王"、"棉纱大王"。1937年抗日战争全面爆发，荣宗敬自上海避居香港，1938年2月10日在香港病逝。临终，他仍以"实业救国"告诫子侄后辈。

    ○ 荣宗敬   ○ 荣德生   ○ 荣毅仁

荣德生（1875—1952），名宗铨，字德生，号乐农氏居士。他以儒家思想办企业，强调"以德服人"，主张"意诚言必中，心正思无邪"，将"人工"视为第一要素。抗日战争全面爆发以后，他拒绝与日本侵略者和汪伪政权合作。上海解放前夕，他坚守大陆，拒绝前往台湾。解放军渡江前夕，他与共产党联络，迎接解放。

荣毅仁（1916—2005），中华人民共和国原副主席。由于深受家族影响，1956年，荣毅仁毅然把自己的商业帝国无偿交给国家，为新中国的工业振兴作出了卓越贡献。为了探索国际经济合作之道，在邓小平的支持下，他向党中央、国务院提出了设立国际信托投资公司的建议。1979年10月，中国国际信托投资公司正式成立。邓小平曾表示："中国国际信托投资公司可以作为中国在实行对外开放中的一个窗口。"

《荣氏家训》一共12则："圣谕当遵，孝弟当先，祠墓当展，族长当尊，宗族当睦，蒙养当豫，闺门当肃，礼节当知，职业当勤，节俭当崇，赋役当供，争讼当息。"这12则家训讲述的都是最简单朴实的道德，它的力量却让一个庞大的家族历经岁月的洗礼而不倒。荣氏后人现在仍活跃在海内外各个行业，尤其在商界，荣家的影响力依然举足轻重。

叁 延伸阅读

无锡，钟灵毓秀，孕育了悠久的历史和独特的江南文化。以荣宗敬、荣德生、荣毅仁为代表的荣氏家族从这里出发，足迹遍布海内外。他们不仅为中国近现代工商业的发展作出了巨大贡献，而且其家训也为后人留下了宝贵的精神养料。细细梳理《荣氏家训》，可以发现这12则家训中有不少内容在今天依然有着重要的意义。

孝悌当先

孝，指还报父母的爱；悌，指兄弟姊妹的友爱。孝悌不是教条，是培养人性光辉的爱，是中国文化的精神。谈孝悌，"父慈子孝，兄友弟恭"都是相对的，并不只是单方面的顺从、尊敬。荣氏家训将

"孝悌"置为首善，正是基于这样的考虑。1959年6月21日，上海举办过一次荣家企业史料座谈会，荣毅仁谈道："我伯伯和父亲的经营思想作风各有特点。我伯伯重业务，主张做交易所；我父亲反对交易所，重视生产成本。伯伯重洋，喜欢请外国人，重视科学知识；父亲重土，比较保守些。但是，他们两人要求发展事业是一样的。"荣氏兄弟几十年如一日，互谅互让、精诚合作；荣家父子几代同心协力、优势互补，不管个人的性格差别多大，但都拥有坚韧不拔、勤俭创业、勇往直前的精神，这种父慈子孝、兄友弟恭的和谐关系，也是荣氏家族能够长盛不衰的原因之一。

宗族当睦

"宗族当睦"一则明确指出："助义田，建义仓，立义学，筑义冢，周旋同族，使死生无所失，皆豪杰所当为者。善乎！"著名工商实业家荣德生一生自奉节俭，但对于捐助施舍及社会公益却出手大方。他遵从"普济民众"的家训，先后创办公益小学4所，竞化女学4所，公益工商中学及梅园读书处各1处，直至创办江南大学。他还捐资修筑马路计近百里，造桥百多座。他设立的大公图书馆，在1955年由荣毅仁捐赠的11.6万册古籍中，列为国家善本的1.9万册，孤本18部。1948年春天，历史学家钱穆应邀到江南大学任教。钱穆问荣德生："毕生获得如此硕果，有何感想？"荣德生提到他修建的一座大桥，说："一生唯一可以留作身后纪念的就是这座桥，回报乡里的只有此桥，将来无锡人知道有个荣德生，大概只有靠这个桥。"

| 职业当勤

荣氏企业为何长盛不衰？全国政协原副主席陈锦华这么说道："我给他（指荣毅仁）概括了八个字：爱国有为，敬业创业。"现在我们倡导敬业、诚信，一个成功的企业家身上，这两种品质往往是糅合在一起的。荣毅仁多次在中信公司的会议上强调信誉的重要性："离开了信誉，是搞不成业务的。你们知道我家过去是搞面粉厂的。面粉厂是怎么发展起来的？我说一个故事。开厂的时候很不容易，刚开始没有多少钱，有一年发大水，小麦很潮，放久了有一股味道。我父亲就下命令，不能买潮湿的，都得买最好的。后来，市场上的面粉一比较，我们的最好。资本主义企业的信誉是很重要的，我们社会主义企业更要讲究信誉。"办企业讲诚信，靠的正是对其事业的敬畏之心。

| 节俭当崇

荣氏家庭始终保持着勤劳、俭朴、低调的本色。荣德生更是艰苦创业的模范，他终身只穿布衣、布袜、布鞋。平时用餐，每桌坐八个人，只吃两荤两素一汤。荣德生一般在企业用餐，标准跟职工一样。荣德生所用的牙签，用过后不扔掉，在下餐再用牙签的另外一头。荣毅仁从小受父亲的影响，也养成了节俭朴素的生活习惯，在生活中处处体现低调。他不仅自己生活朴素，衬衫、毛衣等衣服破了补一补再穿，而且还经常教育子女："一千间房子，我们也只能住一间，成百张凳子、沙发，你只能坐一个，所以生活上的东西实际上都是像浮云一样，主要的还是看实业，看事业。"这就是荣德生的座右铭"享下等福"的真实写照。晚年的荣毅仁让人很难相信他曾经贵为享誉世界的商界巨子和国家副主席。可以说，荣毅仁是其父荣德生事业和思想的最好继承者。

爱国当尊

荣氏家族一个非常典型的特质就是"爱国"。抗日战争胜利后，政府让企业填写《调查赔偿损失表》。跟随荣德生20年的薛明剑（经济学家孙冶方的哥哥）曾经回忆说：荣德生向他咨询怎么填，薛明剑答"填填即可"，因为并不相信真能赔偿。荣德生则很认真："此项赔偿由中国政府出之，抑由日本赔出？"薛明剑答："真正赔偿的时间尚远，现可暂时不去问它。"荣德生面容严肃："如仍由中国自己的政府赔出，我们一分不要，可以不必填。因为我们可以自力更生，自谋恢复。如能由敌方日本赔偿，不问多少巨细，皆愿乐于接受。"

1952年，荣德生去世。临终前，他口授遗命，由同荣毅仁一道留在大陆的七儿荣鸿仁笔录："余从事纺织、面粉、机器等工业垂六十年，历经帝国主义、封建主义、官僚资本主义反动统治的压迫，艰苦奋斗，幸中国共产党领导中国人民革命胜利，欣获解放。目观民族工业由恢复走向发展，再由今年'三反'、'五反'的胜利，工商界树立新道德，国家繁荣富强指日可期。余年老，此次病症，恐将不起，不能目睹将来工业大建设和世界和平，深以为憾。"荣德生还希望漂泊在外的荣氏族人"从速归来，共同参加祖国建设"。

受其家族影响，荣毅仁在15岁时撰写的作文《自策铭》中写道："凡欲成大事业者，必无自立志，余因作自策之铭以自勉，且自克也。铭凡八章，曰：孝悌、仁慈、养痈遗品、慎交、治事、养性、勤俭、知足云。"文章短短700余字，字字箴言。我们不难发现，少年荣毅仁的《自策铭》的内容，与其家族祖训一脉相承，由此可见家训对家族成员的影响之深。

荣氏家族在中国历史上是一个显赫而又极富传奇色彩的家族，近百年来他们在风云变幻的商场上运筹帷幄、纵横驰骋，是中国民族企业的领军人。展望未来，"商界风流，还看荣氏子孙"。当我们回过头来读一读《荣氏家训》的时候，我们会发现荣氏家族一直长盛不衰的根源正在这里。最简单朴实的教导，却是给予子孙最宝贵的财富。

（执笔：孙　璐）

黄炎培家训

壹 内容选粹

原文

事闲勿荒，事繁勿慌。

有言必信，无欲则刚。

和若春风，肃若秋霜。

取象于钱，外圆内方[①]。

注释

① 象于钱：象，形状、样子。这句话的意思就是从古代钱币外圆内方的形状中汲取人生智慧。对外圆融，内心却有坚守。

译文

事闲的时候，最易养成慵懒的恶习，要警策自己，抓住时间，勤奋用功，切莫荒疏了学习；事忙繁杂的时候，易生急躁的情绪，一急躁就会因冲动而做出缺少理性的事来，一定要沉着冷静，切忌慌忙。

说话算数别人就会相信，没有私欲就会变得刚正，理直气壮。

对待同志和蔼可亲，像春风一样暖人；对坏人坏事像秋霜一样凌厉。在原则是非上，应该爱憎分明，不可模棱两可。要像古钱一样，外表随和，内里严正。

贰 背景简介

○ 黄炎培

黄炎培（1878—1965），号楚南，字任之，笔名抱一，江苏川沙县（今属上海市）人。著名的民主革命家、政治活动家、教育家，职业教育的首创者。辛亥革命后，黄炎培出任江苏省咨议局常驻议员、江苏省教育司长、江苏省教育会副会长等职务。1941年，与张澜等人发起组织中国民主政治同盟，一度任主席。1945年，又与胡厥文等人发起成立中国民主建国会。新中国成立后，历任中央人民政府委员、政务院副总理兼轻工业部部长、全国人大常委会副委员长、全国政协副主席、民建主任委员等职。

黄炎培出身于江南的一个书香门第，父亲黄叔才是清末秀才，母亲孟樾清是一个知书达理的大家闺秀。父母二人的文化修养很高，这也使得黄炎培从小就能够接受到良好的教育。不幸的是，母亲和父亲分别在黄炎培13岁和17岁的时候去世，但是父母对他的训诫却伴他终生："人情冷暖儿时知，母训回头七十年。"

受此影响，黄炎培一向重视家庭教育、课子严格。黄家后人也是人才辈出，其子黄竞武为爱国民主人士、革命烈士，其余几个儿子在社会科学、自然科学等诸多领域也成就斐然，如：黄方刚，哈佛大学哲学博士、"民建"创始人；黄万里，著名水利工程学专家、清华大学教授；黄大能，著名水泥混凝土技术专家，领导制定了我国第一部水泥国家标准；黄方毅，全国政协委员、北京大学教授、著名经济学者。黄竞武之子黄孟复历任全国政协副主席、全国工商联主席等职。

其子女的成功，与黄炎培严格的家庭教育是分不开的。黄大能在92岁高龄的时候回忆父亲的家训依然感慨万千："我的大半生都是在这个座右铭的监督下度过的。"今天我们编录黄炎培家训，在缅怀先贤的同时，更重要的是从他的家庭教育经验中汲取养料，完善我们的家庭教育。

叁 延伸阅读

黄炎培的家训本来是黄炎培用以自勉的座右铭，他经常将这些话誊抄赠与家人，久而久之，黄家人便以此为家训，代代相传。这32个字陪伴着这个家族走过风风雨雨，感染着身处其中的每一个人。

取象于钱
外圆内方

┃ 事闲勿荒

1927年，黄家迁居大连。当时黄炎培被视为"学阀"，遭国民政府排挤，不得已也迁至大连。当时黄氏宗族一些成员意志消沉，无所事事，有的整天沉溺于赌博恶习中。黄炎培便向长辈提议，组织成立了"家庭日新会"，每周组织一次聚会，采取学习文化知识、表演节目、演讲、摄影等方式，让大家充分利用时间做一些有意义的事情，改掉不良习惯。黄炎培也把"事闲勿荒"的座右铭抄赠给大家，告诫大家，事少的时候，最易养成慵懒的恶习，要警策自己，切莫荒废了学习。

受此影响，黄炎培的侄女黄卫一直不忘充实自我。她刚入小学时，大学梦被"十年动乱"打破，学校停课闹"革命"，她的任务就是给被打成反动学术权威的父亲做饭送饭，料理家务。但就在这种情况下，她还利用停课空闲自学英语及其他知识。功夫不负有心人，"浩劫"过后，百废待兴，适逢她中学毕业，凭借优异的成绩，她成为众多毕业生中唯一被留校任教的学生。之后，通过不断学习深造，她又获得了外语专业大学本科的文凭，圆了大学梦。

┃ 无欲则刚

黄炎培的堂弟黄齐培早年考入黄埔军校，投身抗战。抗战胜利之后，他回到上海，考入震旦大学（上海第二军医大学）。他一生正直宽厚且淡泊名利，在祖国需要他的时候，放弃了上海优越的生活，奔赴黄土高原，一干就是45年。近半个世纪的默默奉献，他无怨无悔，退休后一心为口腔医学事业发挥余热。他为山西医科大学创办了口腔系，培养了众多学生。很多学生开办了自己的口腔诊所，高薪聘请黄齐培，但都被他婉言谢绝了。可是每逢学生有专业问题需要帮助时，他都会尽一切可能去帮助他们。

┃ 外圆内方

黄炎培的儿子黄大能去英国留学之时，黄炎培手书这32字相赠。黄大能在国外时，不少中外友人指着立轴问他："这'取象于钱，外圆内方'作何解释？"

黄大能解释说："父亲的座右铭教我怎样待人接物。'取象于钱，外圆内方'这八个字，是指中间有方孔的铜钱，也就是说，如果认为是真理，是绝对正确的事，就应像中间的方孔那样方正，应该坚持，然而对人的态度，应该和若春风，也就是要'圆'。但是这里的所谓'圆'不是圆滑。在原则上必须要像'秋霜'一样严肃；在待人处事上，则应像'春风'一样和气。"

"和若春风，肃若秋霜"这八个字中的一个"和"字、一个"肃"字是关键。如果确认自己的意见是符合真理的，就该考虑用什么样的方式，甚至策略或手段，来使他人能接受这个真理。所以这个"和"字就不单解释为"和气"二字。至于"肃"字当然是指严肃，但深一层看，却还包含了"坚持"乃至"刚直不屈"的含义。在黄大能的理解中，"外圆内方"最能解释父亲的处世哲学。

近年来，国家经济腾飞，社会迅速发展，伴随而来的是，社会上出现了一些道德缺失现象。当"我爸是李刚"、"药家鑫"、"林森浩"等事件频现报端的时候，我们无不痛心惋惜。但当我们稍稍思考，便会发现这些案件背后的共性特征——家庭教育的缺失。如果我们都能在子女的成长中给予正确的家庭影响和良好的家风教诲，这些恶性案件的发生率就会降低。

肆 参考文献

［1］黄大能．父亲黄炎培赠我的座右铭［J］．《广东党史》2010（6）：33.
［2］黄卫．伯父黄炎培写给父亲的座右铭［J］．《中国统一战线》2013（11）：73—74.

（执笔：孙 璐）

薛氏家训

壹 内容选粹

| 原文

　　夫物之能受者必有其量，物之能载者必有其基。是故经①云厚德。谚云，忠厚立心，持躬②莫此为要。诚能出一言，惟恐其发人之隐；萌一念，惟恐其有伤于物。寻常之陵犯③，惟示优容。亲故之艰危，务存矜恤④。身体力行，自然习惯成性。苟其刻薄居心，浇漓⑤成习，君子所不齿，世人之所共訾⑥焉。

| 注释

　　① 经：指儒家经典。

　　② 持躬：立身行事。

　　③ 陵犯：冒犯，唐突。

　　④ 矜恤：帮助，支援。

　　⑤ 浇漓：势利刻薄。

　　⑥ 訾（zī）：厌恶。

▎译文

若想要有所承担，必定气量广博，根基深厚。因此儒家经典中强调为人要有深厚的恩德。谚语说，忠厚立心，立身行事没有比这更重要的了。如果要说一句话，想想是否会触及别人的隐私；萌发一个念头，要思量一下是否会伤害其他事物。遭受到一般的冒犯，要以宽容待人。亲友遭遇艰难困苦，一定要给予帮助和支持。身体力行，自然就会养成习惯。如果刻薄居心，势利成为习惯，那么就会被君子看不起，世人都会感到厌恶了。

贰 背景简介

○ 薛明剑、孙冶方兄弟俩

无锡礼社薛氏宗族枝繁叶茂，人丁兴旺，已有580余年历史。数百年间，礼社薛氏一族才俊辈出，明清两朝有族人出仕达192人，民国初期以薛明剑为代表的一批实业家外举兴邦、内泽乡里，建国后以薛暮桥、孙冶方、薛禹群、薛禹胜等为代表的族人更是各领风骚，为国家和社会作出了较大贡献。

薛明剑（1895—1980），初名葶培、锷佩，后易名明剑、民剑，笔名民间侍者、民间老人，江苏省无锡县（今无锡市）玉祁镇礼社村人。民国时期实业家。年轻时创立无锡杂志社，编辑出版《无锡杂志》（期刊）。同时，为开辟太湖旅游，编撰《锡湖揽胜》一书。他还曾应聘担任江苏省实业厅咨议及无锡县教育会主任编辑、商埠局顾问、农会调查员等社会职务，并创办明剑工业社、屑茧整理工场等小型企业。民国期间被选为国民参政会参政员。解放后任上海文史馆馆员。晚年潜心著述，出版了《黎元洪年谱》、《中国辞书目录提要》、《月季花栽培法》、《誊写印刷技术手册》等书籍。

薛暮桥（1904—2005），原名雨林。中国经济学界泰斗，首届中国经济学奖获得者，被誉为"市场经济拓荒者"，是新中国第一代社会主义经济学家。中国现存的经济学家里，再没有人能像他那样对中国经济体制产生过如此重大的影响：在中国最重要的两个经济体制建设阶段，他都曾亲身参与设计。

孙冶方（1908—1983），薛明剑之弟。原名薛萼果，又名宋亮、一洲、宝山、勉之等。著名经济学家，老一辈无产阶级革命家。曾担任中国社会科学院经济研究所

○ 孙冶方故居

顾问、名誉所长和国务院经济研究中心顾问等职。

薛禹胜（1941—　　　），薛明剑之子。中国工程院院士，稳定性理论及电力系统自动化专家。任国网电力科学研究院名誉院长，浙江大学、山东大学、东南大学、南京理工大学、中国矿业大学电力工程学院兼职博士生导师。

无锡薛氏之所以能如此兴盛，人才辈出，正是源于其家训的影响。本文所节选的家训为《礼社薛氏宗谱》中的一则，它阐述了"厚德载物，忠厚立心"的道理，对子孙后人的为人处世有着深刻的指导意义，非常值得我们去学习、领悟，并且践行它所倡导的行为。

❸ 延伸阅读

无锡礼社薛氏家族绵延500余年而不息，数百年来人丁兴旺、人才辈出。到了近现代以来，以薛明剑、孙治方等为代表的薛氏族人对国家和社会作出了巨大的贡献。这一切成就的取得，与其宗族的家训家风是分不开的。本文所节选的一则家训正可以展现薛氏宗族家训对其子孙在为人处世之道上的指导。

厚德载物

这则家训以比喻开头，用浅显的文字阐明了《周易》中的名句："地势坤，君子以厚德载物。"说明要想能够承载外物，自身必须要有一定的厚度和容量。大地如此之厚，故而可以承载一切。而对于人来说，"厚"的地方就在于"德"。根据"厚德载物"的内涵，家训对其后人提出了为人之道的要求——忠厚立心，也就是要求子孙们为人忠诚宽厚。倘若遇到原则性问题，则要从国家、民族的利益出发，要忠诚于祖国、忠诚于内心。

忠厚立心

家训接下来从人际关系方面告诫后人，指出，与人为善，应该有善良的包容之心：讲话之间，不要揭人之短；萌发一个新的念头，要考虑到是否会对其他事物带来伤害；对于别人普通的冒犯，要采取宽容的态度；对于弱势群体，要采取怜惜爱护的态度。长期这样去做，自然就会养成自己的良好素质。正如那句经典名句："勿以善小而不为，勿以恶小而为之。"一个人要想养成良好的素质，真正做到"忠厚立心"，当注重自己的一言一行，要与人为善，凡事都从友好善良的愿望出发。家训对于那些势利恶毒、刻薄待人的小人则给予了批评，认为这样的人会遭到世人的厌恶。

薛氏后人始终秉持着家训的教导，为国家和社会作出了巨大的贡献。薛明剑在1926年5月参加上海工业界发起组织的中华实业参观团赴日本考察。回国后，在申新三厂创办"劳工自治区"。采取在职工中募集资金和资方适当资助的办法，经过10年努力，在"劳工自治区"内逐步建立起职工医院、托儿所、子弟学校、职工养成所、图书馆、剧场、体育场等22种文教体卫方面的设施，以提高职工的福利待遇和文化、技术水平。抗日战争全面爆发后，薛明剑又征集了大批军服及慰问品运往前线。无论是为职工谋取福利，还是在民族大义前积极投身抗战，薛明剑始终恪守着家训的要求。

薛氏后人还有很多在各行各业中都作出了自己的贡献。可以说薛氏家训对其子孙产生了极大的影响，也促进了薛氏家族的兴盛。薛氏家训中对于"厚德载物，忠厚立心"的阐述，也应该为当今时代的我们所认同并践行。当今社会虽然经济迅猛发展，人们的观念也随之日益更新，但儒家的"厚德载物"思想，对于培养现代公民的优良品行，树立良好的社会道德风尚，构建和谐社会，仍然具有十分重要的现实意义。

（执笔：张金鑫）

徐悲鸿家训

壹 内容选粹

原文

给孩子的两封信（节选）

伯阳丽丽两爱儿同鉴：

我因要尽到我个人对于国家之义务，所以想去南洋卖画，捐与国家，行未到半路（香港）便遭封锁，幸能安全出国，但因未曾领得护照，又多耽搁了近两个月，非常心焦，亦无别法可行。兹已定今夜（·月四日）乘荷兰船赴新加坡。在路上有四日，如能一切顺利，二月中定能返到重庆。国难日亟，要晓得刻苦用功。……我虽在外，工作不懈，身体不好亦不坏，可勿念。你二人须用功算学及体操。旧邮六张两人分之。外祖父前代我请安，母亲代我问安。

丽丽爱儿：

你的信甚好……你做的手工甚有趣，我谢谢你这可爱的礼物。我现在没有什么赏给你玩，但你能好好用功,你将来玩的东西一定很多……在国家大难临头之际,各人须尽其可能尽的任务。事变之后,我们不见得会比人家更不幸福的。

贰 背景简介

○ 徐悲鸿

徐悲鸿(1895—1953),江苏宜兴人。中国现代画家、美术教育家。以画马驰名中外,曾任中央美术学院院长、中华全国美术工作者协会主席。

徐悲鸿一生心系国家,时时事事以国家利益为先。1953年9月26日,徐悲鸿因脑溢血病逝,其夫人廖静文女士按照他的愿望,将他的作品1200余件,他一生节衣缩食收藏的唐、宋、元、明、清及近代著名书画家的作品1200余件,图书、画册、碑帖等1万余件,全部捐献给国家。

徐悲鸿对国家的一腔热忱,也直接影响到了他的子女。本次选录的这两封信,是徐悲鸿在抗日战争期间写给孩子的。当时,徐悲鸿为了尽个人对国家的义务,正准备去南洋卖画,为国捐资。在信中他教育孩子们,在国家大难临头之际,每一个中国人都要为国尽力,并要孩子们刻苦用功学习,以待报效祖国。

叁 延伸阅读

徐悲鸿曾经说过："每一个人的一生都应当给后代留下一些高尚有益的东西。"徐悲鸿留给后人的除了他那不朽的艺术作品之外，还有他勤学刻苦的求学精神和伟大的爱国精神。他留给孩子的两封家书，对孩子立身处世、持家治业进行了教诲。

"要晓得刻苦用功"

徐悲鸿常讲故事给孩子们听。有一天他外出回家，走到房门口听见儿子伯阳向小朋友"吹嘘"自己的爸爸是一位天才画家。他马上把儿子叫到一边批评说，爸爸生性拙劣，根本不是什么天才。只是爱学画入了骨髓，有着不达目标不罢休的志气。

接着，他讲了一段自己画虎不成反类犬的故事。7岁那年，徐悲鸿画了一只小老虎给爷爷看，爷爷说是狗。他不服气，数年后，他不仅

○ 徐悲鸿教育后辈

学会了画虎，而且画鸡、画马、画牛都画得很像。

他对伯阳说："什么学问都是刻苦学来的，不是天生就会的。"

任何时候，徐悲鸿都教育孩子"要晓得刻苦用功"，孩子们也都秉承家训，长大成才：徐伯阳在香港从事美术鉴定工作；徐庆平在法国巴黎获得美术史博士学位后回国，后任中央美术学院教授，为一级画家；徐芳芳在美国斯坦福大学硕士毕业后定居美国，从事经济管理工作……

▎ "尽其可能尽的义务"

徐静斐，就是徐悲鸿家书中那个叫"丽丽"的小姑娘，她是徐悲鸿与前妻蒋碧薇的女儿，她始终谨记父亲的教诲，"尽其可能尽的义务"。

○ 徐静斐

徐静斐家中有8个孩子（其中有4个是丈夫黎洪模前妻所生），这么多的孩子，只靠他们夫妻二人的工资来抚养，全家的生活很困难。1983年，国家落实有关政策，把过去没收的她的生母蒋碧薇的住房还给了她，徐静斐却将这一幢234平方米的花园式洋房捐献给南京师范大学艺术系，设立徐悲鸿奖学金。不仅如此，她还动员小儿子黎寒松将所珍藏的外公徐悲鸿的一幅价值50万元的《奔马图》捐献给安徽省，设立徐悲鸿基金。

多年来，徐静斐生活十分节俭，但对各项社会公益事业和救灾扶贫济困活动却慷慨解囊，竭尽全力。粗略估算一下，自上世纪80年代以来，她累计捐献的财物高达65万多元人民币。她于花甲之年在大别山区搞科技扶贫时，不仅倾注了大量的心血教农民技术，还修建小蚕共育室，让667户农民靠栽桑养蚕走上了脱贫致富之路。1994年，她因扶贫成绩突出而荣获国家科委颁发的"振华扶贫服务奖"。

"尽其可能尽的义务"，这样的家风，不仅影响着徐悲鸿的儿女，还绵延不断地传给了徐家后代。徐静斐的二儿子黎志康——徐静斐说当年给儿子取名志康，是为了纪念病故的父亲（徐悲鸿原名徐寿康），希望他能继承外公的品德——不负母亲的期望，和外公一样勤奋，现在菲律宾国际水稻研究所工作，是水稻分子遗传育种研究室主任。

徐悲鸿生命中高尚的东西，像雨水渗入泥土一般滋润了徐家后代细腻的心灵，也是我们中华儿女成长道路上不可或缺的一缕阳光。

| "爱子教之以义方"

徐庆平，中国留法艺术史专业博士第一人，徐悲鸿与廖静文的儿子，也是徐悲鸿子女中唯一继承父业的。他说："我自己脚下的路是在父亲的爱的光辉照耀下，用'自己'的脚，一步步地走过来的。"是的，徐悲鸿不仅是"一洗万古凡马空"的著名艺术家，还是一个"爱子教之以义方"的教育家。徐悲鸿对子女的教育没有怒责鞭打，没

○ 徐庆平

有喋喋不休，而是以身率先，如春风化绸缪，秋雨洗鸿沟，在其孩子

成长的岁月中烙上了深深的印记。

在徐庆平的艺术启蒙方面，徐悲鸿在其童年时代就注意对其进行审美教育。徐庆平4岁的时候，父亲每天要他临摹两页《张猛龙集联》字帖。徐悲鸿工作很忙，但每天都会抽出时间来批改作业。在写得好的字下面，他会用红笔画三个圈；写得不好的，则要求重写。在集子的扉页上，徐悲鸿写了两句话："拔山盖世之气，长河大海为词"。徐悲鸿选择张猛龙碑做教材，或许是期望子女们能欣赏这壮美的艺术，并从中体悟做人的崇高品质。而这些，徐庆平在而立之年后才有了深刻的理解。

徐悲鸿曾说："古法之佳者，守之；垂绝者，继之；不佳者，改之；未足者，增之；西方画之可采入者，融之。"徐悲鸿的艺术理想和教育理念，影响了徐庆平一生。

徐庆平在艺术教育方面继承了其父徐悲鸿的遗志，以平生所学，潜心于中国的美术教育，并重视和加强与西方文化的交流与合作，从而传承和发展了中国绘画艺术。

肆 参考文献

［1］叶芳. 给后代留下一些高尚有益的东西——访徐悲鸿长女徐静斐［J］.《江淮文史》2000（4）：95—106.

［2］刘晓龙. 秉承先志拓业进取［J］.《美术观察》2014（4）：132—133.

［3］郑理."江南布衣"——徐悲鸿教子轶事［J］.《父母必读》1982（9）：32—33.

（执笔：孙　刚）

钱氏家训

壹 内容选粹

原文

▋个人篇▋

心术不可得罪于天地，言行皆当无愧于圣贤。

曾子之三省①勿忘，程子之四箴宜佩②。

持躬不可不谨严，临财不可不廉介③。

处事不可不决断，存心不可不宽厚。

尽前行者地步窄，向后看者眼界宽。

花繁柳密处拨得开，方见手段。

风狂雨骤时立得定，才是脚跟。

能改过则天地不怒，能安分则鬼神无权。

读经传则根柢深，看史鉴则议论伟。

能文章则称述多，蓄道德则福报厚。

| 注释

① 曾子之三省：据《论语·学而》记载，孔子弟子曾子每天都从"为人谋而不忠乎？与朋友交而不信乎？传不习乎？"三个方面自我反省，以提升自己的德行修养。

② 程子之四箴宜佩：程子之四箴，指宋代大儒程颐的自警之作《四箴》。孔子曾对颜渊谈克己复礼，说："非礼勿视，非礼勿听，非礼勿言，非礼勿动。"程颐撰文阐发孔子的这四句箴言以自警，分"视、听、言、动"四则。佩，佩戴，这里指铭记。

③ 廉介：清廉耿介。

| 译文

心术不可得罪于天地，言行皆当无愧于圣贤。

存心谋事不能够违背规律和正义，言行举止都应不愧对圣贤的教诲。

不要忘记曾子"一日三省"的教诲，应当珍存程子的"四箴"以作警示。

要求自己不能够不谨慎严格，面对财物不能够不清廉耿介。

处理事务不能够没有魄力，起心动念不可以不宽容厚道。

只知道往前走的处境会越来越窄，懂得往后看的见识会越来越宽。

花枝繁茂柳条密布的地方能够开辟出道路，才显现出本领；狂风大作暴雨肆虐的时候能够站得住，才算是立定了脚跟。

能够改过自新天地就不再生气，能够安守本分鬼神也无可奈何。

熟读经典古书才能根基深厚，了解历史才能谈吐不凡。

善于写文章才能有丰富的著作，蓄养道德才能有大的福报。

○ 钱氏家训

| 原文

‖ 家庭篇 ‖

欲造优美之家庭，须立良好之规则。

内外门闾整洁，尊卑次序谨严。

父母伯叔孝敬欢愉，妯娌弟兄和睦友爱。

祖宗虽远，祭祀宜诚。子孙虽愚，诗书须读。

娶媳求淑女，勿计妆奁①。嫁女择佳婿，勿慕富贵。

家富提携宗族，置义塾与公田。岁饥赈济亲朋，筹仁浆与义粟。

勤俭为本，自必丰亨[2]。忠厚传家，乃能长久。

注释

① 妆奁（lián）：汉族婚俗之一。原指女子梳妆打扮时所用的镜匣。后泛指随出嫁女子带往男家的嫁妆。

② 亨（pēng）：古同"烹"，烧、煮。

译文

想要营造幸福美好的家庭，必须建立相应妥善的规矩。

里里外外的街道房屋要整齐干净，长幼之间的伦理顺序要谨慎严格。

对父母叔伯要孝敬承欢，对妯娌弟兄要和睦友爱。

祖先虽然年代久远，祭祀也应当虔诚；子孙即使愚钝，也必须读书。

娶媳妇要找品德美好的女子，不要贪图嫁妆；嫁女儿要选德才出众的女婿，不要贪慕富贵。

家庭富足时要帮助家族中人，置办免费的学校和共有的田地；饥荒的时候要救济亲戚朋友，筹备施舍给人的钱米。

把勤劳节俭当做根本，必然会丰衣足食；用忠实厚道传承家业，一定能够源远流长。

| 原文

‖ 社会篇 ‖

信交朋友，惠普乡邻。

恤寡矜①孤，敬老怀幼。

救灾周急，排难解纷。

修桥路以利人行，造河船以济众渡。

兴启蒙之义塾，设积谷之社仓。

私见尽要铲除，公益概行提倡。

不见利而起谋，不见才而生嫉。

小人固当远，断不可显为仇敌。

君子固当亲，亦不可曲为附和。

| 注释

① 矜：怜惜、怜悯。

┃译文

用诚信结交朋友，将恩惠遍及乡邻。

救济寡妇怜悯孤儿，尊敬老人关爱孩子。

救济受灾的人接济急需救济的人，为他人排除困难解决纠纷。

修桥铺路方便人们行走，开河造船帮助人们通渡。

兴办孩子们接受启蒙教育的免费学校，建造用以贮存救济饥荒粮食的民间粮仓。

个人成见要全部去除，公众利益一律提倡施行。

不能看见利益就动心要去谋取，不能看见他人才高就心生嫉妒。

小人自然应当疏远，但不能公然成为仇敌；君子自然应当亲近，也不能失去原则一味追随。

┃原文

‖国家篇‖

执法如山，守身如玉。

爱民如子，去蠹①如仇。

严以驭役，宽以恤民。

官肯著意一分，民受十分之惠。

上能吃苦一点，民沾万点之恩。

利在一身勿谋也，利在天下者必谋之；

利在一时固谋也，利在万世者更谋之。

大智兴邦，不过集众思；

大愚误国，只为好自用。

聪明睿智，守之以愚；

功被天下，守之以让；

勇力振世，守之以怯；

富有四海，守之以谦。

庙堂之上，以养正气为先。

海宇之内，以养元气为本。

务本节用则国富；进贤使能则国强；

兴学育才则国盛；交邻有道则国安。

注释

① 蠹（dù）：侵蚀或消耗国家财富的人或事。

译文

执行法令要像山一样不可动摇，保守节操要像玉一样洁白无瑕。

爱护百姓要像爱护自己的子女一样，祛除危害集体利益的坏人要像对待自己的仇敌一样。

管理属下要严格，体恤百姓要宽厚。

官员如能用一分心力，百姓就能得十分利益；君王如能吃一点辛苦，百姓就能得到万倍的恩惠。

如果只有自己一人得到利益就不去谋取，如果天下百姓能够得到利益就一定去谋取；

当时就能得到利益自然要去谋取，后世千秋能得到利益的更要去谋取。

利在一身勿谋也，利在天下者必谋之；利在一时固谋也，利在万世者更谋之。

才智出众的人能使国家兴盛，不过是汇集了大家的智慧；极端无知的人会使国家败落，只因为喜欢自以为是。

即使聪颖机智，也要以愚笨自处；即使功盖天下，也要以辞让自处；即使勇猛无比，也要以胆怯自处；即使富比天下，也要以谦恭自处。

朝廷中，要把培养刚正气节放在首位；普天下，要把培养元气当作根本。

开源节流国家就会富足，选拔任用德才兼备的人国家就会强大，兴办学校培养人才国家就会昌盛，与邻邦交往信守道义国家就会安定。

贰 背景简介

　　《钱氏家训》是由后唐时期吴越国王钱镠的后人，根据钱镠的《武肃王遗训精神》，参考中国传统家训文化精华编写而成的。全篇分为个人、家庭、社会、国家四个部分，与《大学》中"修身、齐家、治国、平天下"的理念相呼应。《钱氏家训》代代相传、恪守不变，成就了"钱氏豪门"：古代有唐代的"大历十才子"之一钱起，北宋的"有李白之才"的钱易，明末清初的"诗坛盟主"之一钱谦益等；现代有国务院原副总理钱其琛，国学宗师钱穆，五四新文化运动倡导者之一钱玄同，《围城》作者钱钟书，诺贝尔化学奖获得者钱永健，还有中国科技界的钱学森、钱三强、钱伟长"三钱"等。钱氏一族在《钱氏家训》的影响下可谓人才辈出。

○ （左起）钱学森、钱三强、钱伟长

　　钱学森（1911—2009），世界著名科学家，空气动力学家，中国载人航天奠基人，中国科学院及中国工程院院士，中国"两弹一星"功勋奖章获得者，被誉为"中国航天之父"、"中国导弹之父"、"中国自动化控制之父"。

　　钱三强（1913—1992），中国原子能科学事业的创始人，中国

"两弹一星"元勋，中国科学院院士。

钱伟长（1912—2010），世界著名的科学家、教育家，杰出的社会活动家。第六至第九届全国政协副主席。曾任上海大学校长，南京大学、南京航空航天大学、江南大学等大学名誉校长。

叁 延伸阅读

▎利在一身勿谋也，利在天下必谋之

"修之于身，其德乃真；修之于家，其德乃余；修之于乡，其德乃长；修之于国，其德乃丰；修之于天下，其德乃普。"《钱氏家训》于身、于家、于乡、于国有言："利在一身勿谋也，利在天下必谋之"，"三钱"用自己的一生，践行了这句话。

"中国导弹之父"钱学森、"中国原子弹之父"钱三强、"中国力学之父"钱伟长，"三钱"这最初由毛主席喊出的别号，却成为了中国科坛的杰出人物，成为了世界顶尖的科学大家。他们有着"猛志固常在"的刚烈慷慨，有着"猛志逸四海"的壮志情怀。他们用自己的德行，用自己的意志，甚至用自己的生命去诠释"利在一身勿谋也，利在天下必谋之"的时代意义。无私者以天下之名为名，以国家之利为利，以百姓之苦乐为苦乐，其精神之高尚，胸怀之博大，《钱氏家训》教化之功，善莫大焉！

1937年，钱三强赴法国留学，1940年获得法国国家博士学位，1946年获得法国科学院德巴微物理学奖金。他的学术水平在中国留

学生中无人能及，堪称之最。他先被任命为法国国家科学研究中心的研究员，接着又被聘任为研究生导师。在这样优越的工作条件和生活条件下，钱三强却选择了回中国。因为，"修桥路以利人行，造河船以济众渡"的家训，钱三强记于心，不敢忘。钱三强30多岁时已经是一位卓有成就的实验物理学家，如果继续从事科学研究，一定会在该领域有更多的建树。但回国后，他无条件地服从党和国家的需要，放弃自己心爱的科研工作，以主要精力从事科学组织工作，为别人创造了施展才华的条件，培养了一大批科技人才。

在新中国成立，百业待兴，需要科技提升国防实力的时候，已经是美国加州理工学院终身教授、世界航天领域著名科学家的钱学森，迫切希望归国报效祖国，但遭到美国政府的阻挠，受到审讯和监控。但是，钱学森没有放弃，对于国外的诱惑与胁迫"不喜亦不惧"，终于在1955年带着妻儿回到了祖国，因为家训早已告诫他"救灾周急，排难解纷"。钱学森说过："我的事业在中国，我的成就在中国，我的归宿在中国。"这是家训的力量，更是民族的精神，在他的血液里流淌。

1931年9月18日，日本发动了震惊中外的九一八事变，侵占了我国的东北三省，蒋介石却奉行不抵抗政策，说中国战则必败，因为日本人有飞机大炮，中国没有。从收音机里听到这个消息后，钱伟长拍案而起，他说："我要学造飞机大炮。"而此时的钱

○ 钱伟长拍案而起

伟长却是一个在文史上极具天赋、在数理上极度"瘸腿"的历史系学生——物理只考了5分，数学、化学共考了20分，英文因没学过是0分。而正是这样一个学生，为国而读书，坚决弃文从理，毕业时，他成为了物理系成绩最好的学生之一。那一年，他19岁。后来，他多次提道："我没有专业，国家的需要就是我的专业。"34岁那年，钱伟长毅然放弃了自己在国外如日中天的事业，回到中国，在清华做了一名普通教授；36岁那年，他在国内的生活已经艰难到借贷的程度，美国加州理工学院邀请他回美国复职，但是因为在办签证的时候申请表最后一栏是"若中美交战，你是否忠于美国？"他毫不犹豫地填了"NO"，放弃了改变贫困现状的机会。他以82岁高龄接任新校校长时说："国家需要我工作到什么时候，我就工作到什么时候。"他遵守了这个诺言，为中国的科教事业呕心沥血、鞠躬尽瘁，直至生命的最后一刻。

"三钱"走了，回望来处，一盏明灯依旧透过历史烟尘在江南吴越钱氏家族庭院里熠熠生辉，薪火相传——这明灯，这薪火，就是《钱氏家训》。

《钱氏家训》不仅是吴越钱氏家族代代相传的宝贵精神财富，也应成为中华民族伟大复兴道路上的每一位前行者胸前佩戴的勋章，让《钱氏家训》、让"三钱"精神与我们一同奏响时代的凯歌。

（执笔：孙　刚）

傅雷家书

壹 内容选粹

| 原文

‖ 一九五四年三月二十四日上午 ‖

在公共团体中，赶任务而妨碍正常学习是免不了的，这一点我早料到。一切只有你自己用坚定的意志和立场，向领导婉转而有力的去争，否则出国的准备又能做到多少呢？——特别是乐理方面，我一直放心不下。从今以后，处处都要靠你个人的毅力、信念与意志——实践的意志。

另外一点我可以告诉你：就是我一生任何时期，闹恋爱最热烈的时候，也没有忘却对学问的忠诚。学问第一，艺术第一，真理第一，——爱情第二，这是我至此为止没有变过的原则。你的情形与我不同：少年得志，更要想到"盛名之下，其实难副"，更要战战兢兢，不负国人对你的期望。你对政府的感激，只有用行动来表现才算是真正的感激！我想你心目中的上帝一定也是Bach〔巴哈〕，Beethoven〔贝多芬〕，Chopin〔萧邦〕等等第一，爱人第二。既然如此，你目前所能支配的精力与时间，只能贡献给你第一个偶像，还轮不到第二个神明。你说是不是？可惜你没有早学好写作的技术，否则过剩的感情就可用写作（乐曲）来发泄，一个艺术家必须能把自己的感情"升华"，才能于人有益。我决不是看了来信，夸张你的苦闷，因而着急；但我知道你多少是有苦闷的，我随便和你谈谈，也许能帮助你廓清一些心情。

‖ 一九五四年八月十一日午前 ‖

你的生活我想像得出，好比一九二九年我在瑞士。但你更幸运，有良师益友为伴，有你的音乐做你崇拜的对象。我二十一岁在瑞士正患着青春期的、浪漫底克的忧郁病；悲观，厌世，傍惶，烦闷，无聊；我在《贝多芬传》译序中说的就是指那个时期。孩子，你比我成熟多了，所有青春期的苦闷，都提前几年，早在国内度过；所以你现在更能够定下心神，发愤为学；不至于像我当年蹉跎岁月，到如今后悔无及。

你的弹琴成绩，叫我们非常高兴。对自己父母，不用怕"自吹自捧"的嫌疑，只要同时分析一下弱点，把别人没说出而自己感觉到的短处也一齐告诉我们。把人家的赞美报告我们，是你对我们最大的安慰；但同时必须深深的检讨自己的缺陷。这样，你写的信就不会显得过火；而且这种自我批判的功夫也好比一面镜子，对你有很大帮助。把自己的思想写下来（不管在信中或是用别的方式），比着光在脑中空想是大不同的。写下来需要正确精密的思想，所以写在纸上的自我检讨，格外深刻，对自己也印象深刻。你觉得我这段话对不对？

我对你这次来信还有一个很深的感想。便是你的感受性极强，极快。这是你的特长，也是你的缺点。你去年一到波兰，弹chopin〔萧邦〕的style〔风格〕立刻变了；回国后却保持不住；这一回一到波兰又变了。这证明你的感受力快极。但是天下事有利必有弊，有长必有短，往往感受快的，不能沉浸得深，不能保持得久。去年时期短促，固然不足为定论。但你至少得承认，你的不容易"牢固执着"是事实。我现在特别提醒你，希望你时时警惕，对于你新感受的东西不要让它浮在感觉的表面；而要仔细分析，究竟新感受的东西，和你原来的观念、情绪、表达方式有何不同。这是需要冷静而强有力的智力，才能分析清楚的。希望你常常用这个步骤来"巩固"你很快得来的新东西（不管是技术是表达）。长此做去，不但你的演奏风格可以趋于稳定、成熟（当然所谓稳定不是刻板化、公式化）；而且你一般的智力也可大大提高，受到锻炼。孩子！记住这些！深深的记住！还要实地做去！这些话我相信只有我能告诉你。

还要补充几句：弹琴不能徒恃sensation［感觉］，sensibility［感受，敏感］。那些心理作用太容易变。从这两方面得来的，必要经过理性的整理、归纳，才能深深的化入自己的心灵，成为你个性的一部分，人格的一部分。当然，你在波兰几年住下来，熏陶的结果，多少也（自然而然的）会把握住精华。但倘若你事前有了思想准备，特别在智力方面多下功夫，那末你将来的收获一定更大更丰富，基础也更稳固。再说得明白些：艺术家天生敏感，换一个地方，换一批群众，换一种精神气氛，不知不觉会改变自己的气质与表达方式。但主要的是你心灵中最优秀最特出的部分，从人家那儿学来的精华，都要紧紧抓住，深深的种在自己性格里，无论何时何地这一部分始终不变。这样你才能把独有的特点培养得厚实。

关于这个问题，我想你听了必有所感，不妨跟我多谈谈。

其次，我不得不再提醒你一句：尽量控制你的感情，把它移到艺术中去。你周围美好的天使太多了，我怕你又要把持不住。你别忘了，你自誓要做几年清教徒的，在男女之爱方面要过几年僧侣生活，禁欲生活的！这一点千万要提醒自己！时时刻刻防自己！一切都要醒悟得早，收篷收得早；不要让自己的热情升高之后再去压制，那时痛苦更多，而且收效也少。亲爱的孩子，无论如何你要在这方面听从我的忠告！爸爸妈妈最不放心的不过是这些。

你上课以后，老师如何批评？那时他一定有更切实更具体的指摘，不会光是夸奖了。我们都急于要知道。你对萧邦的了解，他们认为的长处短处，都望详细报告。technic［技巧］问题也是我最关心的。老师的意见怎样？是否需要从头来起？还是目前只改些小地方，待比赛以后再彻底修改？这些你也不妨请问老师。

你记住一句话：青年人最容易给人一个"忘恩负义"的印象。其实他是眼睛望着前面，饥渴一般的忙着吸收新东西，并不一定是"忘恩负义"；但懂得这心理的人很少；你千万不要让人误会。

孩子，你真是个艺术家，从来想不起实际问题的。怎么连食宿的费用、平日的零用等等，一字不提呢？人是多方面的，做父母的特别关心这些，下次别忘了详细报道。乐谱问题怎样解决？在波兰花一大笔钱买了，会不会影响别的用途？

我要工作了，不再多写。远远的希望你保重，因为你这样快乐，用不着再祝你快乐了！

▎一九五四年八月十六日晚 ▎

孩子：我忙得很，只能和你谈几桩重要的事。

你素来有两个习惯：一是到别人家里，进了屋子，脱了大衣，却留着丝围巾；二是常常把手插在上衣口袋里，或是裤袋里。这两件都不合西洋的礼貌。围巾必须和大衣一同脱在衣帽间，不穿大衣时，也要除去围巾，手插在上衣袋里比插在裤袋里更无礼貌，切忌切忌！何况还要使衣服走样，你所来往的圈子特别是有教育的圈子，一举一动务须特别留意。对客气的人，或是师长，或是老年人，说话时手要垂直，人要立直。你这种规矩成了习惯，一辈子都有好处。

在饭桌上，两手不拿刀叉时，也要平放在桌面上，不能放在桌下，搁在自己腿上或膝盖上。你只要留心别的有教养的青年就可知道。刀叉尤其不要掉在盘下，叮叮当当的！

出台行礼或谢幕，面部表情要温和，切勿像过去那样太严肃。这与群众情绪大有关系，应及时注意。只要不急，心里放平静些，表情自然会和缓。

你的老师有多大年纪了？是哪个音乐学院的教授？

过去经历如何？面貌怎样的？不妨告诉我们听听。别忘了爸爸有时也像你们一样，喜欢听故事呢。

总而言之，你要学习的不仅仅在音乐，还要在举动、态度、礼貌各方面吸收别人的长处。这些，我在留学的时代是极注意的；否则，我对你们也不会从小就管这管那，在各种manners［礼节，仪态］方面跟你们烦了。但望你不要嫌我繁琐，而要想到一切都是要使你更完满、更受人欢喜！

一九五五年四月二十一日夜（节选）

孩子，能够起床了，就想到给你写信。

邮局把你比赛后的长信遗失，真是害人不浅。我们心神不安半个多月，都是邮局害的。三月三十日是我的生日，本来预算可以接到你的信了。到四月初，心越来越焦急，越来越迷糊，无论如何也想不通你始终不来信的原因。到四月十日前后，已经根本抛弃希望，似乎永远也接不到你家信的了。

不知你究竟回国不回国？假如不回国，应及早对外声明，你的代表中国参加比赛的身份已经告终；此后是纯粹的留学生了。用这个理由可以推却许多邀请和群众的热情的（但是妨碍你学业的）表示。做一个名人也是有很大的危险的，孩子，可怕的敌人不一定是面目狰狞的，和颜悦色、一腔热爱的友情，有时也会耽误你许许多多宝贵的光阴。孩子，你在这方面极需要拿出勇气来！

我坐不住了，腰里疼痛难忍，只希望你来封长信安慰安慰我们。

┃一九六六年六月三日┃

聪，五月十七日航空公司通知有电唱盘到沪。去面洽时，海关说制度规定：私人不能由国外以"航空货运"方式寄物回国。妈妈要求通融，海关人员请示上级，一星期后回答说：必须按规定办理，东西只能退回。以上情况望向寄货人Studio 99〔九十九工作室〕说明。倘能用"普通邮包"寄，不妨一试。若伦敦邮局因电唱盘重量超过邮包限额，或其他原因而拒收，也只好作罢。譬如生在一百年前尚未发明唱片的时代，还不是同样听不到你的演奏？若电唱盘寄不出，或下次到了上海仍被退回，则以后不必再寄唱片。你岳父本说等他五十生辰纪念唱片出版后即将寄赠一份，请告他暂缓数月，等唱盘解决后再说。我记错了你岳父的生年为一九一七，故贺电迟了五天才发出；他来信未提到（只说收到礼物），不知电报收到没有？我眼疾无进步，慢性结膜炎也治不好。肾脏下垂三寸余，常常腰酸，不能久坐，一切只好听天由命。……愈写眼愈花，下回再谈。一切保重！问弥拉好！妈妈正在为凌霄打毛线衣呢！

五月底来信及孩子照片都收到。你的心情我全体会到。工作不顺手是常事，顺手是例外，彼此都一样。我身心交疲，工作的苦闷（过去）比你更厉害得多。

妈妈五月初病了一个月，是一种virus〔病毒〕所致的带状疱疹，在左胸左背，很难受。现已痊愈。

贰 背景简介

傅雷（1908—1966），字怒安，号怒庵，原江苏南汇县（今上海南汇区）人。翻译家，文艺评论家。20世纪60年代初遍译法国重要作家如伏尔泰、巴尔扎克、罗曼·罗兰等人的重要作品，形成了"傅雷体华文语言"，法国巴尔扎克研究会将其吸收为会员。傅雷多艺兼通，在绘画、音乐、文学等方面均有造诣。他的全部译作，现经家

○ 傅雷

属编定，交由安徽人民出版社编成《傅雷译文集》，从1981年起分15卷出版，现已出齐。

《傅雷家书》收录的多数信件是傅雷1954—1966年间写给远在国外的儿子傅聪的，这160多封信"不仅仅使傅聪与家人间建立了牢固的纽带，也通过这一纽带，使傅聪与远离的祖国牢牢地建立了心的结合"（楼适夷：《读家书，想傅雷》）。在目前家庭教育父爱严重缺位的现实情况下，研读傅雷家书更有现实意义。

叁 延伸阅读

父爱不只是电冰箱的指示灯
——《傅雷家书》评介

孙汉洲

"凯风自南，吹彼棘心。棘心夭夭，母氏劬劳"。我国的第一部诗歌总集就记载着先民讴歌母亲的诗章。"慈母手中线，游子身上衣"，孟郊的一首《游子吟》，把母爱写得淋漓尽致。几千年来，母爱如月如日，光辉可鉴。然而，在子女成长中起着重要作用的另一半——父爱，在人们的心目中，包括在反映生活的文学作品中却相对逊色。一个朋友曾戏谑地说："父爱只是电冰箱中的指示灯。你只有偶然打开门寻找冷藏食品时才能发现它。"对朋友的话，我长期奉为真理。不过，读了《傅雷家书》后，我思想大大转变。父爱，不只是电冰箱的指示灯，它也会成为月亮，成为太阳。傅雷，就是现当代中国的一轮父爱的太阳。一部《傅雷家书》，充满着强烈的父爱的阳光。

| 慈善的心肠

社会舆论向来把"严"字冠于"父"之前，而把"慈"字冠于母之前，"严父"、"慈母"这两个概念人们习见习闻，许多父母也以此定位。其实，"父"也不一定就要以"严"的形象出现在儿子面前。傅雷在子女面前展现的就是慈父形象。

傅雷对傅聪的爱是细腻的、具体的。在家书中，傅雷及时通报家中生活琐事，并不厌其烦地详细叙述，以慰身在异国儿子的乡思。在家书中，傅雷放弃了父亲的矜持，直白地写道，"孩子，我在心中拥抱你"〔一九五五年二月二日（除夕）〕。他事无巨细，对傅聪的思想、学业乃至日常礼仪指导得具体入微。例如1954年8月16日晚上他在信中写道：

你所来往的圈子特别是有教育的圈子，一举一动务须特别留意。对客气的人，或是师长，或是老年人，说话时手要垂直，人要立直。你这种规矩成了习惯，一辈子都有好处。

在饭桌上，两手不拿刀叉时，也要平放在桌面上，不能放在桌下，搁在自己腿上或膝盖上。你只要留心别的有教养的青年就可知道。刀叉尤其不要掉在盘下，叮叮当当的！

出台行礼或谢幕，面部表情要温和，切勿像过去那样太严肃。这与群众情绪大有关系，应及时注意。只要不急，心里放平静些，表情自然会和缓。

看，父亲的关心是如此细致入微，与慈母何异？"慈"不应是母亲的专利，傅雷的教子实践证明了这一点。

朋友的态度

○ 傅聪

在世俗的眼中，父亲总觉得有恩于子女应该享有支配子女、教训子女甚至惩罚子女的特权。其实，这正是父爱的误区。许多父亲的爱之所以不被子女接受，原因概出于此。傅雷的一个重要的高明之处，就是他能跳出世俗的窠臼，以朋友的态度与子女交往。他在1954年1月30日晚上的信中写道：

真的，你这次在家一个半月，是我们一生最愉快的时期；这幸福不知应当向谁感谢，即使我没宗教信仰，至此也不由得要谢谢上帝了！我高兴的是我又多了一个朋友，儿子变成了朋友，世界上有什么事可以和这种幸福相比的！

在儿子面前，他从不文过饰非；自己做错了事，也能够放下架子向孩子道歉。《傅雷家书》的第一篇，就是一封道歉信：

孩子，你这一次真是一天到晚堆着笑脸！叫人怎么舍得！老想到一九五三年正月的事，我良心上的责备简直消释不了。孩子，我虐待了你，我永远对不起你，我永远补赎不了这种罪过！这些念头整整一天没离开过我的头脑，只是不敢向妈妈说。人生做错了一件事，良心就永久不得安宁！真的，巴尔扎克说得好：有些罪过只能补赎，不能洗刷！

父亲向子女道歉，需要的是高度的爱心与若谷的襟怀。这种做法不仅无损父亲的威信，反而更能拉近父子的心灵距离！

| 导师的高度

傅雷教子，并非停留于舐犊情深的层面，而是凭借自己的道德修养与学术造诣，从导师的高度，为孩子指点思想迷津，点燃学业心灯，指明人生道路。傅聪之所以成为世界知名的钢琴演奏家，与他的悉心指导是分不开的。傅雷在许多信中都与傅聪谈论钢琴艺术问题，那精辟的见解、精到的指导，如春雨润物。傅雷自身处理社会关系方面颇有些书呆子气，然而，在对待傅聪的思想及与人相处方面的教育，却高瞻远瞩，见地深刻。

傅雷认为，一个艺术家应该德艺双馨。因而，他对傅聪的思想教育抓得很紧。正如他在信中所说：

我又想到国内学艺术的人中间，没有一个人像你这样，从小受到那么多"道德教训"。……你别忘了：你从小到现在的家庭背景，不但在中国独一无二，便是在世界上也很少很少。哪个人教育一个年轻的艺术学生，除了艺术以外，再加上这么多的道德的？我完全信任你，我多少年来播的种子，必有一日在你身上开花结果——我指的是一个德艺俱备，人格卓越的艺术家！

他还告诫儿子：

你记住一句话：青年人最容易给人一个"忘恩负义"的印

象。……你千万不要让人误会。

为了使儿子不至于成为爱情至上者，他不惜"现身说法"：

另外一点我可以告诉你，就是我一生任何时期，闹恋爱最热烈的时候，也没有忘却对学问的忠诚。学问第一，艺术第一，真理第一，——爱情第二，这是我至此为止没有变过的原则。你的情形与我不同：少年得志，更要想到"盛名之下，其实难副"，更要战战兢兢，不负国人对你的期望。

特别值得称道的是，傅雷潜心教子，琢磨出许多富有哲理的警句来。这些警句已经成为人类共同的精神财富。例如："得失成败尽量置之度外，只求竭尽所能无愧于心；效果反而好……""人的心理是：难得收到的礼，是看重的，常常得到的不但不看重，反而认为是应享的权利，临了非但不感激，倒容易生怨望。""但一个有才的人也有另外一个危机，就是容易自以为是钻牛角尖。""人总是强迫自己，不强迫就解决不了问题。"这些警言是智者的参悟，我们如能充分领悟它定会受益终生。

愚公的精神

教育孩子是一项长期而又艰巨的任务，应该持之以恒。希望在家教问题上一蹴而就，无异于痴人说梦。许多家长，特别是做父亲的，主观上都想把子女教育好，然而，客观上却往往因为工作忙而无暇顾及；也有的家长，时间虽有，但缺乏应有的耐心，"一曝十寒"，效果不佳。而傅雷却不然，他虽然是一个著名的文学评论家、翻译家，工作繁忙，然而，他把子女当成自己生命的一部分，把教育子女当成事业的一部分！从傅聪离家出国开始到他本人1966年含恨弃世，他在这12年间忙里偷闲，写了那么多信，靠的是"愚公移山"的坚持精神。十几年来，无辜被打成右派的他，受到过精神与病痛的双重折磨，然而，通过写信来教育孩子却是他始终不渝的工作。1955年4月21日夜，傅雷忍着病痛给儿子傅聪写了一封近5000字的长信。信件结尾真实记录了当时的情况："我坐不住了，腰里疼痛难忍，只希望你来封长信安慰安慰我们。"傅雷的最后一封家书写于去世前三个月。此时，他"身心交疲"，"眼疾无进步，慢性结膜炎也治不好。肾脏下垂三寸余，常常腰酸，不能久坐"。然而，他仍坚持写信，惦念在异国的儿子。时代在进步，时至今日，通信手段高度发达，亲子之间的交流可以通过电话随时进行；即使写信，电子邮件也快捷方便，那种纸质的人工书写的信件已很少见了。傅雷当年为教育儿子的写信之苦，只有设身处地才能体会到。

傅雷已经作古50年，50年来，历史长河大浪淘沙，而傅雷，作为一名学者，一名父亲，却因其家书和著作而光辉日新。也许，他作为一个父亲的成就比作为学者更大。傅雷次子傅敏在"第五版后记"中说得好："《傅雷家书》出版十八年已经发行达一百万册，足以证明这本小书影响之大。《傅雷家书》是一本'充满着父爱的苦心孤诣、呕心沥血的教子篇'；也是'最好的艺术学徒修养读物'。"

总之，《傅雷家书》是我们民族家教的宝典。它能给我们教育子女提供精神的阳光和力量。傅雷，作为伟大的父亲形象，将垂范永远！

（原文载于《中国教育报》2007年6月21日）

（执笔：孙汉洲）

何 氏 家 训

壹 内容选粹

原文

‖（一）孝敬亲长之规‖

孝顺父母、尊敬长上，乃百行之首、万善之源。人能尽得此道，天地鬼神相①之，亲戚邻里重之。凡有父母兄长在前者，不可不及时勉旃②。

今之人以能养为孝者何？盖缘不顾父母而私③妻子④、倒行逆施者众，彼善于此，故与之耳。殊不知孝之道，岂养之一事所能尽哉！要有深爱婉容而承颜顺志⑤、尊敬谨畏而惟命是从，稍有斯须⑥欺慢违忤⑦，或伤教败礼、取辱贻忧⑧，虽日用三牲⑨之养，犹不为孝也。蓝田吕氏曰⑩："孝莫大乎顺亲。"司马公曰⑪："吾事亲无以逾于人，能不欺而已矣。其事君亦然。"

人家子弟，有父母兄长慈爱，又得教以诗书、授以生业，而能显亲扬名、以尽孝敬之道者，乃常分耳，乌足言？要在困苦艰难、流离颠沛之际，竭力尽心、周全委曲、消患弥变、特立独行，而不失其度者，方为孝敬。

注释

① 相：帮助。

② 勉旃（zhān）：努力。多用于劝勉时。旃，语气助词，"之焉"的合音字。

③ 私：偏爱。

④ 妻子：妻子儿女。

⑤ 婉容：和顺的脸色。承颜顺志：看父母的脸色，顺从其旨意。

⑥ 斯须：暂时，片刻。

⑦ 违忤（wǔ）：违背，不顺从。

⑧ 贻忧：留下忧患，使受忧患。

⑨ 三牲：牛、羊、猪。

⑩ 蓝田吕氏：指宋代官员吕大患，京兆蓝田人。

⑪ 司马公：指北宋大臣、史学家司马光，卒赠太师温国公。

译文

孝顺父母，尊敬长辈，是所有行为中第一要做到的，是一切善良品质的源头。一个人如果能尽心尽力孝顺父母、尊敬长辈，那么，天地鬼神都会帮助他，亲戚邻居都会敬重他。凡是有父母兄长的人，不可以不及时努力地孝顺、尊敬他们。

现在的人为什么认为养活父母就是孝？大概是因为不顾父母的感受却一心偏爱妻子儿女、做事情违反常理不择手段的人多，养活父母比这些行为要好一些，所以认为让父母吃饱就是孝罢了。却不知道，尽孝道哪里仅仅是养活父母这一件事就能尽到责任的啊！要能深爱他们，要脸色和顺并且要看父母的脸色，顺从他们的意思，遵从敬重、谨小慎微、服从命令，不要有半点反抗，稍微有片刻欺骗、怠慢、不顺从，有时就是败坏教化、礼俗，会自取其辱、留下忧患，即使每天用猪、牛、羊来奉养父母，还是不孝。蓝田吕氏说："最大的孝就是顺从父母的意思。"司马光说："我侍奉双亲没有什么可以拿来超过别人的，能够做到不欺骗双亲罢了。那么，侍奉君主也是这样。"

别人家的孩子，有父母兄长疼爱，又能够学习诗书，得到产业，然后能够使双亲显耀、名声传扬以尽孝道，这是本分罢了，不值得说！要在困苦艰难、流离颠沛的时候，竭尽心力，哪怕使自己委曲求全，也要消除祸患、平息变数，而又能志行高洁，不同流俗，不失去风度，才是真正的孝敬。

| 原文

‖（二）读书写字之规‖

子弟读书之成否，不必观其气质，亦不必观其才华，先要观其敬与不敬，则一生之事业概可见矣。凡开蒙之后，能渐渐收敛，一惟师教之是从、亲言之是听。敬重经书、爱惜纸笔，洁净几案、整肃身心，开卷如亲对圣贤，熟读精思、沈潜①玩索，将书中义理反求就自家身上体认。眠存梦绎②，念念不忘，如婴儿之恋慈母、饥渴之慕饮食，无一刻之敢离，无一时之或怠。但遇紧要词语，留意佩服，即思此一句可以用在某处，我当谨守力行；此一句正中我之病根，我当即为拔出，不使蔓延滋长。如此为学，虽愚必明。纵不能尽忠于朝廷，亦可以尽孝于父母；纵不能建功业于天下，亦可以自善乎一身。若乃不庄不敬，卤莽忽略，未学先能，未讲先厌。或讲读之际目视他所、手弄他物、心想他事，于书读其前则污其后，读其后则毁其前。或自恃聪明，不肯用力；或专务外驰，不肯内究。如此为学，白首无成，虽成必败。居官则败国家之事，处己则无保身之谋。所以古之圣贤教人，先在洒扫应对时着力引诱提撕③，拳拳④以持敬为本。

读书以百遍为度，务要反复熟嚼，方使味出。使其言皆若出于吾之口，使其意皆若出于吾之心，融会贯通，然后为得。如未精熟，再加百遍可也，仍要时时温习。若功夫未到，先自背诵，含糊强记，终是认字不真、见理不透，徒敝精神，无益学问。

学问之功全在讲贯。而讲习之要，必须讲后自己细看，着意研穷，潜思默究；逐句绅绎⑤，逐章理会；方才得其旨趣。略有疑惑，即为质问，不可草草揭过。俟⑥一本通贯后，仍听先生摘其难者而讯问之；或不能答，即又思之；思之不通，然后复讲。真境一开，如得时雨之化，后来作文随意运用、信手发挥，自然成章，再无窒碍⑦。若泛泛而讲、泛泛而听，原不留心佩记，徒费唇舌，不入肺腑。今日让过，明日忘之；此章未达，又讲别章；今年未明，复待来岁。虽讲至百年，诚何益也！

凡写字务要庄重端楷，有骨格、有锋芒、有棱角，不得潦草斜歪、微眇软弱。古人云：用笔在心正，则笔正矣。吾以为用笔固在心正，又在手活。手活，则笔势奇妙，如走龙蛇。不则若胶柱鼓瑟⑧而剔画不开也。是以小儿初学字时，先要教其执笔圆活。如写小字，止令手指运笔，而手腕不可动也。若小时失教，大来难转者，令学草书，庶几可改。抄书认字真切，则无鲁鱼亥豕⑨之弊，既要快速，又要不差，此乃日用常行第一急切之务。况考试之日，苟或字之不佳，涂注粗拙，纵是锦绣文章，亦不动观览矣。岂可谓字不关紧要而不习耶！

功名富贵固自读书中来，然必待天与之方可得，岂人力之所能为？苟人力可为，官将布满宇内矣。吾尝见人家子弟不读书则已，一读书就以富贵功名为急，百计营求，无所不至，求之愈急，其事愈坏。缘此而辱身破家者多矣。至于自己性分内有所当求者，反不能求，惜哉！吾人各要揣己力量，以安义命，不得越理妄求。今后可读书者，晓窗夜檠⑩，优游涵养，以俟乎天，将功名富贵四字置诸度外，只将孝弟忠信四字时时存省。苟能表帅乡闾、教道子侄，有礼有恩、上下和睦，使强者不得肆、弱者得以伸，只此就是治道，何必入仕然后谓之能行！不能读书者，安心生理、顾管家事，能帮给束修薪火之资，使读书者得以专心向学，倘或成就得一个好人，不惟于合族有光，亦不负父母之心。只此就是孝义，何必读书然后谓之能知！

| 注释

① 沈潜：即沉潜，指深入探究。

② 绎：连绵不绝。

③ 引诱提撕：提醒，振作。

④ 拳拳：恳切的样子。

⑤ 紬绎（chōu yì）：理出头绪。

⑥ 俟（sì）：等到。

⑦ 窒（zhì）碍：障碍，阻碍。

⑧ 胶柱鼓瑟：用胶把柱粘住以后奏琴，柱不能移动，就无法调弦。比喻固执拘泥，不知变通。

⑨ 鲁鱼亥豕（hài shǐ）：把"鲁"字错成"鱼"字，把"亥"字错成"豕"字。指书籍在传写或刻印过程中的文字错误。

⑩ 檠（qíng）：烛台。

┃ 译文

看孩子读书有没有成果，不必看他的气质，也不必看他的才华，先要看他敬还是不敬，那么，他一生的事业成就大概就能看出来了。凡是接受启蒙教育之后，能渐渐收敛自己的品性，听从老师所教授的知识，听老师的话。敬重经书、爱惜纸笔，使书桌洁净，使身心健康，打开书就好像亲身面对圣贤，向他请教，熟读精思，沉浸其中，深入探究，结合书中所讲的义理好好检查自己的言行。睡着了在梦里仍然念念不忘，就像婴儿依恋慈祥的母亲，饥饿口渴的人想要喝水吃饭一样，没有一刻敢离开或者懈怠。只要遇到关键的词语，就用心牢记，想想这一句可以用在某一处，我应当敬慎守持努力实践；这一句正说中了我身上存在的问题，我应当立即解决问题，不使它蔓延滋长。像这样学习，很愚笨的人也一定会变得聪明。纵使不能效忠于朝廷，也可以向父母尽孝；纵使不能在天下建立功业，也可以使自己自觉行善。如果不庄重不敬畏学业，鲁莽不重视，还没学成先逞能，还没谦让就先满足。或者讲读的时候眼睛看其他的东西，手上玩弄其他的物品，心里想其他事情，在读书前面的内容的时候，就否定后面的内容，读后面的内容又忘了前面的内容。或者依仗自己聪明，不愿意用力学习；或者读书不专心，不愿意仔细探究。像这样做学问，到老一事无成，即使成功了也是失败的。若是当官则会坏了国家的事，不当官则没有保全自己的方法。所以，古代圣贤教育弟子，要从生活中的劳动教育入手引导提携，以持守恭敬之心作为根本。

读书要读百遍，务必要反复读，自己咀嚼，才能品出书中的道理。使书中所说的都像是我说的，使书中的意思就像是我心里所想一样，融会贯通，这样之后才能有所得。如果没有精通熟悉书里的内容，可再读百遍，仍然还要时时温习。如果没有熟读百遍、反复熟嚼，先自行背诵，含含糊糊勉强记住了，终究是对字词、道理理解不透彻，白白地破坏了书中的精神，对做学问是没有好处的。

学问的本领全在研讨学习。而研讨学习的要领，必须学习之后自己细看，着力深入钻研，潜心思考研究；逐句理出头绪，一章一章地理解领会，才能得到其中的主旨意趣。有一点儿疑惑，立即询问，不可以草草放过。等到一本书融会贯通之后，仍然听老师摘选其中的难句来考查自己；有的答不出来的，立即再思考；思考之后不能解决的，再研讨学习。境界一旦打开，就像得到春风化雨一般，在以后写作文的时候能随意运用、信手发挥，自然成章，再也没有障碍。如果泛泛而讲、泛泛而听，不留心记忆，就是白白浪费口舌之力，不入内心深处。今天得过且过，明天又忘了；这章的意思还没弄明白，又学习别的；今年没有弄明白的，又期待来年能弄明白。即使学习百年，又能有什么收获呢！

但凡写字务必要做到庄重、端正、工整，有骨格、有锋芒、有棱角，不能潦草，歪歪斜斜，轻细、微弱、无力。古人说：运笔在于心要正，心正那么字也正了。我认为动笔固然在心正，又在于手要活。手活了，那么笔势奇妙，矫健迅捷。否则就像是胶把柱粘住以后奏琴，笔画呆板。因此幼儿小时候刚学写字，先要教他们握笔圆活。如果写小字，只让他们手指动笔，而手腕不能动。如果小时候没有教，长大后就很难改过来，叫他们学习草书，或许可以改过来。抄写时要看清文字，不能看错，既要快，又不要有差错，这是日常写字时第一重要的。况且考试的时候，如果有的字写不好，涂改、粗疏、拙劣，不精美，纵然是好文章，也不能引人欣赏了。怎么可以说字不重要，不需要练习呢！

功名富贵固然从读书中来，但是一定要是有天赋的人才可以得到，哪里是人只要努力就能得到的？如果人努力就可以得到，文官武将布满天下了。我曾经看到别人家子弟不读书便罢，一读书就急切追求富贵功名，千方百计求取，无所不至，求得越急，这个事就越坏。因此辱没了自己、毁了家业的有很多。至于自己天性内应当有所追求的，反而不能追求到，可惜啊！我们每个人都要量力而行，以天命为安，不能越过天理胡乱求取。今后能读书的，秉烛夜读，悠闲自得，滋润养育，只待天命，将功名富贵四字置之度外，只将孝悌忠信四字时时铭记，经常自省。如果能够在家乡作表率、教导子侄，有礼有恩、团结和睦，使强悍的人不会放肆、弱小的人能够伸张正义，这就是治国之道，又何必做官之后才能说治理国家。不能读书的，安心生活、管理家事，能帮忙筹措生活费用，让读书的人能够专心上学，也许能够成就一个好人，不只是光耀家族，也不辜负父母之心。这就是孝义，又何必读书之后才能称之为有文化！

▌原文

▌（三）量度权衡之规▌

人家之升斗尺秤，皆所以量多少、度长短、称物平施而权轻重者也。此固家常用物，实系乎人之一心。心正而公，则制之惟准、用之惟平，使贸易输敛之间两无亏累，即为天理矣。若以私刻存心，专图利己，买人之物则用大斗大秤，卖物与人则用小秤小斗，或借人米谷原以大斗量入而以小斗偿还，取息于人以小斗放出而以大斗收回，即此就为人欲。殊不知轻重大小之间所增几何？而所损大矣！盖幽暗之中鬼神在焉，人可欺而心不可欺，心可欺而天不可欺。吾人为学，欲辨理欲而下克己工夫者，先从此处用力，最为亲切。

译文

升斗尺秤，都是度量物，是外在物品。这本来是家里的平常用品，实际是关乎一个人的良心。内心公正而公平，那么制作这些度量物时把准确作为唯一标准，使用时把公平作为唯一标准，使贸易收支时双方没有损失，这就符合天理了。如果存有私心，一心利己，买人家的物品就用大斗大秤，卖物品给别人就用小秤小斗，或者借给别人米谷，原来是用大斗量入，却用小斗偿还，向别人收取利息则用小斗放出却用大斗收回，这就是人的欲望。却不知道轻重大小之间能增加多少？但是损失很大啊！鬼神就在幽暗的地方，你可以欺骗别人，却欺骗不了自己的心，就算可以欺骗自己的心，也不能够欺骗天。我们学习，想要辨别天理和人欲然后学会克制自己，就先要用力从这里做起，最为合适。

贰 背景简介

江苏扬州何园主人何芷舠，晚清长期在湖北一带做官，主持当地盐粮买卖，其家族与李鸿章、孙家鼐两位重臣世代联姻，后于仕途进退两难之时奏请辞官，举家迁往扬州。何芷舠的大儿子何声灏于光绪十六年（1890）中翰林；另一子何适斋、孙女何怡如成为画家；孙子何世桢、何世枚从美国密歇根大学博士毕业后，在祖父的影响下创办了上海著名的持志大学，为后世培养了大批人才。建国后，何芷舠的曾外孙女王承书成为中科院院士，而王承书的堂弟何祚庥也是全国有名的中科院院士。

○ 何祚庥

何祚庥（1927—　），粒子物理、理论物理学家，中国科学院院士。第八、第九届全国政协委员，北京大学科学与社会研究中心兼职教授、科学技术哲学专业博士生导师，中国科学院理论物理研究所研究员、理论物理专业博士生导师，中国自然辩证法研究会副理事长，中国无神论学会副理事长。

何氏是由科举及第而走向发达的家族，尤其重视对子弟的教育。《何氏家训》分别从孝敬亲长、隆师亲友、鞠育教养、节义勤俭、读书写字、出处进退、待人接物、饮食服御、量度权衡、撑持门户、保守身家等11个方面详尽规范了家族成员的修身处世、待人接物之道。何园将这11条家规悬挂于何氏祠堂，供今人学习。除了上文所说的"祖孙翰林"（祖父何俊和孙子何声灏）、"兄弟博士"、"父女画家"、"姐弟院士"，何氏后代的子子孙孙，也用自己的言行于无声无息的岁月中彰显着家世豪迈的过往。

叁 延伸阅读

江苏扬州徐凝门街66号，茂林修竹、花界玲珑处，一扇圆洞门，将你引入"晚清第一园"——何园。2004年何园工作人员在何氏祖籍安徽望江县吉水镇发现了何家的11条家

○ 何园

训，何园将这11条家训悬挂于何氏祠堂，供今人学习。通过体悟《何氏家训》的一字一句，我们可以走进何家世代的生活，走进何氏家族的心灵，领会《何氏家训》背后的人生艺术。

承颜顺志

何园主人何芷舠曾受正一品封典，覃恩晋赠光禄大夫，赏戴花翎。1901年，因愤慨于《辛丑条约》，何芷舠"将功名富贵四字置诸度外"，毅然率子孙家眷百余人辞官南下，举家迁往扬州。何芷舠买下吴氏片石山房，扩入园林，取陶渊明"依南窗以寄傲，登东皋以舒啸"两

句，命名为"寄啸山庄"。后辟为何宅后花园，故又称"何园"。

何芷舠选择辞官，但是他"出世"却未"隐世"，而是选择以实业振兴民族经济。正如《何氏家训》所说，"何必入仕然后谓之能行"，"只此就是治道"。可是因为对现代工商制度不了解，何氏企业最终惨遭洋人重创，百年家业毁于一旦。何芷舠痛定思痛，坚信教育救国、科学救国，遂变卖金银首饰，送孙辈出洋留学。二儿子何声焕之子何世桢、何世枚兄弟以美国密歇根大学法学博士学位来告慰祖父，而他俩最大的孝行莫过于创办持志大学。《何氏家训》将"孝敬亲长之规"放在第一条，即教育子孙明白"孝顺父母、尊敬长上，乃百行之首、万善之源"。而孝有大小之分，对父母能养，是一种孝，但只是小孝；自身修行扬名，以彰显父母养育教诲之德，才是大孝。而持志大学的创办，即是何世桢、何世枚兄弟"承颜顺志"的大孝。学校创立后，何世桢祖父何芷舠为创办人，父亲何声焕为继志创办人，"持志"二字源自祖父何芷舠的别字"汝持"。

▌ 持敬心正

"读书写字之规"是全部家训中篇幅最长的一则，用1000多字详尽论述了读书治学之道。

该篇内容可以概括成为读书治学三部曲：判断一个孩子读书学习能不能有成，不要看他的气质，也不要看他的才华，首先要看他是不是"敬"，就是能不能从主观态度上崇尚学识、热爱学问、想学要学；其次要看他能不能"习"，就是有没有做到读书以百遍为度，将所学的内容反复咀嚼，烂熟于心；再次是看他会不会"思"，不但潜思默究、参明义理，还要反复叩问、融会贯通。经过这样一个反复实践的过程，才能把知识学问变成自己的东西。何园的读书楼挂有治学家训以及何芷舠的大儿子何声灏进士及第的捷报，楼内架上书卷累累，当年何声灏即在此苦读。由《何氏家训》可略知何氏家族在读书治学方面对子孙管束颇多，家教严格。

作为何家后人的何祚庥更是严格要求自己，多以先祖为榜样"修正"自己的不足之处，努力提高自己的个人修养和知识水平。在《何氏家训》影响下的何祚庥自幼"敬"、"习"、"思"所学所得的知识。他热爱科学，熟读万卷书，潜思默究，早期从事粒子理论、原子弹和氢弹理论的研究，成为氢弹理论的开拓者之一，也是中国第一颗原子弹和氢弹的研制参与者之一，在科学史、哲学、政治经济学等方面也取得多项重要成果。由于他在自然科学和社会科学两方面的杰出成就，因此被称为"两栖院士"。但他也因为对伪科学、邪教的口诛笔伐，以及以独特观察视角评论经济、社会问题，而成为舆论风口浪尖上的人物。

《何氏家训》在教写字方法时有言，"但凡写字，务必做到庄重、端正、工整，有骨格、有锋芒、有棱角，不能潦草歪斜、轻细微弱无力。古人说：运笔在于心要正，心正那么字也正了"。"字品如人品"，做人就好比写字，为人处世在于"心正"，有原则。何祚庥始终保持一颗对科学的敬畏之心，坚定地做一个"反伪斗士"，也是与《何氏家训》中"心正则笔正"的教诲一以贯之的。何祚庥说："有人说我反对伪科学是管闲事，其实这闲事不闲。当伪科学沉渣泛起，危及政府和人民的时候，作为党员，作为科学院院士，我应当站出来，像工人做工、农民种地一样，完全是分内的事。"

《何氏家训》中的"度量权衡之规"，是对家族贸易活动中如何使用度量衡作出的训诫。规诫族人在贸易活动中要做到"不欺心"、"心正而公"。也就是心存公正，严格自律，不可贪图小利，损人利己。何祚麻近些年来积极站在捍卫科学尊严、揭露和反对伪科学等活动的第一线，正是践行了这一祖训。

家训，是家族存续、发展的规范、族人行事的准则，是古人向后代传播修身治家、为人处世之道的基本方法。《何氏家训》是江苏家训文化中的典范，对我们的家庭教育有很重要的借鉴意义和启迪作用。

肆 参考文献

［1］熊卫民. 在科学和宣传之间——何祚麻院士访谈录［J］.《中国科技史杂志》2015，36（1）：89—103.
［2］俞可. 何世桢：持我此志而努力教育［J］.《海上教育家》2013（03B）：56—57.

（执笔：孙　刚）

李氏家训

壹 **内容选粹**

| **原文**

‖ 李氏家训 ‖

爱我中华，兴我家邦。

少小勤学，车胤孙康①。

弦歌雅乐，翰墨传香。

尊师益友，孝德永彰。

和亲睦邻，扶幼尊长。

敬德修业，发奋图强。

女红针黹②，娴淑贤良。

诗书共读，兰桂齐芳③。

扶贫济困，造福一方。

克勤克俭，家道隆昌。

注释

① 车胤（yìn）孙康：车胤，东晋大臣。车胤自幼聪颖好学，因家境贫寒，常无油点灯，夏夜就捕捉萤火虫，用以照明，自此学识与日俱增。

晋代孙康因家贫，无钱买灯油，下雪天半夜起身，对着亮光看书，后成为饱学之士。后人用"车胤孙康"、"囊萤映雪"的故事，来形容家境贫穷却勤学苦读。

② 黹（zhǐ）：缝纫，刺绣。

③ 兰桂齐芳：芳，比喻美德、美声。兰桂，对他人儿孙的美称。旧指儿孙同时显贵发达，又比喻子孙后代一起取得荣华富贵。

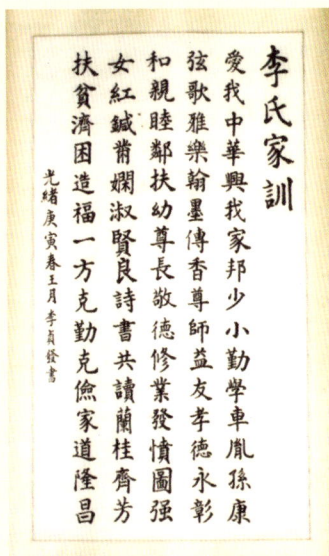

李氏家训

爱我中华兴我家邦
少小勤学车胤孙康
弦歌雅乐翰墨传香
尊师益友孝德永彰
和亲睦邻扶幼尊长
敬德修业发愤图强
女红鍼黹娴淑贤良
诗书共读兰桂齐芳
扶贫济困造福一方
克勤克俭家道隆昌

光绪庚寅春三月李胤发书

贰 背景简介

坐落于江苏泰州溱潼镇东首、建于乾隆年间的李氏大院，繁花古木，池水缓缓，灰宿砖雕，古朴典雅。李氏家族"古有三科两状元"，如今，李德仁、李德毅兄弟两人均为双院士，2015年12月7日他们两人的堂弟李德群又被增选为中国工程院院士，"今有弟兄五院士"，真是名人辈出。

李德仁（1939—　），中国科学院院士，中国工程院院士，国际欧亚科学院院士，摄影测量与遥感学家，武汉大学遥感信息工程学院教授、博士生导师，武汉大学测绘遥感信息工程国家重点实验室主任，中国矿业大学环境与测绘学院院长。

○ 李德仁

李德毅（1944—　），李德仁胞弟。中国工程院院士、欧亚科学院院士，指挥自动化和人工智能专家。李德毅最早提出"控制流—数据流"图对理论和一整套用逻辑语言实现的方法，获国家

○ 李德毅

和省部级二等奖以上奖励9项。现为北京邮电大学计算机学院院长。

李德群（1945—　），李德仁、李德毅的堂弟。中国工程院院士，华中科技大学材料学院院长、教授、博士生导师，国务院学位委员会材料学科评议组成员、模具技术国家重点实验室学术委员会副主任、华中科技大学与上海交通大学塑料模C3P研究室主任。

李氏故居正厅里挂有一幅李氏家训，这则家训由院士们的曾祖父，曾获中华民国总统徐世昌褒赠"孝德永彰"匾额的李贞发在1890年手书，共80个字，彰显了李氏家族名人辈出、风范卓然的底蕴。

叁 延伸阅读

李氏家训传承百年，其内容包括家国情怀、修身治学、为人处世等中华民族优秀传统文化精神，是整个家族的精神源泉，是这个家族强大的正能量。在家训潜移默化的影响下，家族成员学有所成，为国争光，实现了他们灿烂的人生价值。

求学之苦

○ 院士旧居

在江苏省泰县（今泰州市姜堰区）溱潼镇有一个普通家庭，父母薪水微薄，家中有七个孩子，生活清贫，但是世代家风严明，姊弟七人自幼就勤奋刻苦、自强不息。

1939年，李德仁出生在这个家庭。《李氏家训》有言，"少小勤学，车胤孙康"，李德仁从小就勤奋苦学，1957年以优异的成绩考入武汉测量制图学院航空摄影测量系。大学四年里，李德仁整天泡在图书馆，专心攻读，心无旁骛。毕业时的研究生考试中，李德仁的成绩远远超过了其他考生。自1978年起，李德仁在王之卓教授门下读研究生的三年里，潜心研读国外测量与遥感专业文献，写下了百余万字的读书笔记，为自己后来的研究积累了丰富的理论知识。1982年，李德仁获准前往全世界航测理论最先进的国家——德国学习，当他走进波恩大学现代化的实验室时，如获至宝，几乎以实验室为家。他常常在教堂的午夜钟声敲响过后才走出实验室，第二天清晨又第一个打开实验室的大门。

许多年后，阿克曼教授在德国学生面前说起这位中国学生时常说："你们羡慕李先生的成就吧，他每天工作都在14小时以上，而且常常通宵达旦，他这是在为自己的祖国而拼搏。"

爱国之深

"志之所向无坚不入"，也许是因为出生在抗日战争的硝烟中，李德仁时时不忘"爱我中华，兴我家邦"的家训，从小立志勤学苦读，自强救国。

李德仁在波恩大学进修期间，针对西方学者发现和消除粗差的倾向性方法的不足，反其道而行之，从验后方差估计理论出发，导出了比丹麦法更为优越的新方法——粗差定位验后方差选权迭代法，用中国人的名字在国际测量学界命名这一方法为"李德仁方法"。

1985年，李德仁提出了扩展可靠性理论，使不同模型误差的区分和同模型误差的定位问题得到了解决，这项成果被国际著名的大地测量学家格拉法韧特教授评价为"解决了测量学上一百年来的难题"，并因此获得德国"汉莎航空测量奖"。由于他的卓越成就，李德仁当选为国际摄影测量与遥感学会第三届和第六届委员会主席，并先后被英国剑桥人物传记中心收入《国际名人录》和《有杰出成就人物卷》，让"中国，李德仁！"的声音像平地春雷般回荡在整个国际航测界。

进口软件一度在地理信息技术方面占据主角，这种局面不改变，国家的信息安全难以保障。李德仁，这位有着强烈爱国热情的科学工作者，多年来一直有个心愿："中国人要用自己的软件来分析自己的地理信息数据"，以打破国外软件一统天下的局面。从开始研制开发到投放市场，李德仁经历了近10年的风雨历程，终于成功开发出本民族的GIS软件——"吉奥之星"。"吉奥之星"的成功面世，一举击败了美国的老牌软件，将中国的地理信息技术推到了世界的前列。

"心之所向素履以往"，当弗斯特勒尔博士在德国斯图加特大学为李德仁戴上博士桂冠和博士项链之时，李德仁的心已飞向祖国。德国汉诺威大学摄影测量所所长康乃斯内教授诚挚地说："我们欢迎您在任何时候到汉诺威大学来工作，您愿待多久就待多久。" 格拉法韧特教授热诚地对他说："李博士，到我们所里来工作吧！我们有世界上最先进的试验设备。凭您的聪明才智,您完全可以摘取测绘科学领域里的一颗又一颗明珠。"面对这些外国友人殷切的挽留，李德仁坚定地说："我的根在中国，我的事业在中国。我要和我的祖国一起，去承担历史的重任。"

家族之昌

"家道隆昌"是李氏家训的结语，也是整个家族的梦想。李德仁的胞弟李德毅，在《李氏家训》的熏陶下，在哥哥李德仁榜样作用的影响下，也是成就斐然。他1985年获得国际IEE总部授予的计算机和控制类最佳学术成果奖，1991年被授予"全国有突出贡献的回国留学人员"称号，先后获得14项国家级和军队科技进步奖……2015

年12月7日，李德仁和李德毅的堂弟李德群的名字，出现在中国工程院公布的2015年院士增选名单中。他们将《李氏家训》内化于心、外化于形，以一片赤子之心，书写了对祖国的一片赤诚，这也是他们一生不断进取的强大动力和不竭源泉。

《李氏家训》自始至终释放着优良家风的正能量，其对个人与民族、个人与国家、个人与社会的关系的阐述，不仅影响着何氏家族成员的世界观与价值观，赋予他们"穷则独善其身，达则兼济天下"的修养与胸襟，更作为中国传统文化的精华慢慢濡染着当今社会风气，成为社会主义核心价值观的优秀基因。

肆 参考文献

［1］丁玉曙．兄弟院士李德仁、李德毅［J］．《江苏地方志》2002（3）：32—33．

［2］杨欣欣．用忠诚和执着测绘人生——小记李德仁院士［J］．《政策》2001（6）：27—29．

［3］文远竹，杨欣欣．诲人不倦　激励后学——访三获优秀博士论文指导教师奖励的李德仁院士［J］．《中国研究生》2003(3):16—19．

（执笔：孙　刚）

后　记

　　"天下之本在国，国之本在家。"无论是在传统社会还是在当代中国，家庭始终是国人安身立命之所，国家社会发展的基石。重视家庭和家庭建设则是中华民族自古以来的传统。习近平总书记在2015年春节团拜会上指出："不论时代发生多大变化，不论生活格局发生多大变化，我们都要重视家庭建设，注重家庭、注重家教、注重家风，紧密结合培育和弘扬社会主义核心价值观，发扬光大中华民族传统家庭美德，促进家庭和睦，促进亲人相亲相爱，促进下一代健康成长，促进老年人老有所养，使千千万万个家庭成为国家发展、民族进步、社会和谐的重要基点。"他对国家、民族、社会发展和家庭建设的辩证关系的深刻阐述，为我们加强家风家庭建设提供了重要遵循。

　　家庭是社会的基本细胞，是人生的第一所学校。家风是家庭的精神内核，是无言的教育，也是中华美德的重要承载，对于规范人们的言行、淳化社会风气有着重要作用。传统家训是家庭或家族中的先辈留给后人关于持家治业、读书治学、立身处世的智慧结晶，传承着一个家庭或家族的核心价值观，也是涵养家风的重要载体和途径。运用家训"整齐门内，提撕子孙"，是中华民族几千年来教家立范、培育后代的基本形式，其实质是伦理教育和人格塑造，对人们价值观的形成有着重要作用。历史上，不同家庭与家族的家训百花齐放、异彩纷呈，但其基本精神和核心内容都是"忠、信、孝、悌、礼、义、廉、耻"等，这与社会主义核心价值观　"三个倡导"的内容尤其是公民个人层面"爱国、敬业、诚信、友善"的内容一脉相承、高度契合。所以，传承好家训、培育好家风，是践行社会主义核心价值观的重要活动内容之一，也是把社会主义核心价值观日常化、具体化、形象化、生活化的过程。我们要认真汲取中华优秀传统文化的思想精华和道德精髓，深入挖掘和阐发优秀传统家训的时代价值，使之成为涵养优良家风、建设家庭文明的重要源泉。

江苏自古以来就是物华天宝、人杰地灵、经济繁荣、文教发达之地。重视家风培养，重视家庭教育，重视文化传承，是江苏鲜明的社会风尚与文化传统。家训在江苏传统悠久、资源丰厚、影响深远。历史上被誉为"家训之祖"的颜之推《颜氏家训》、"治家之经"的朱柏庐《朱子治家格言》以及现代著名家训《傅雷家书》等中国家训经典都出自江苏，堪称当时家风家教的典范，使得江苏成为称誉全国的家训大省与家训名省。

加强对江苏优秀传统家训的收集整理和研究利用工作，对于进一步做好新时期家庭文明建设工作、构筑江苏道德风尚高地、更好地培育和践行社会主义核心价值观具有重要意义。为深入贯彻落实习近平总书记系列重要讲话特别是视察江苏重要讲话精神，大力弘扬中华传统美德，加强家风家庭建设，推动培育和弘扬社会主义核心价值观进一步落细落小落实，中共江苏省委宣传部组织部分从事家训研究和家庭教育研究的专家学者编写出版了《江苏历史名人家训选编》。

省委常委、宣传部部长王燕文同志高度重视和关心本书的编写工作，对书稿架构体例、编辑出版提出了明确意见。省委宣传部副部长焦建俊同志亲自审定了全书。南京大学中国诗学研究中心主任莫砺锋教授，江苏省社会科学院副院长樊和平教授，国家社科基金重大项目"中国传统家训文献资料整理与优秀家风研究"课题组组长、江苏师范大学伦理学与德育研究中心主任陈延斌教授，《中国家训史》作者之一、江苏省伦理学会副会长、南京审计大学徐少锦教授等知名专家，对书稿进行了全面细致的审读，他们渊博的专业学识和严谨的治学风范，为提升本书质量增色很多。

江苏省家庭教育学会副会长、南京师范大学副校长缪建东教授，中国教育学会家庭教育研究专业委员会常务理事、中学教授级高级教师孙汉洲同志，中国教育学会会员、南京特殊教育师范学院马建强教授，主持了本书的编写工作。季瑾、孙璐、钱洁、孙家文、杨优先、陈惠惠、葛敏、张超英、刘婷婷、朱禹寰、唐文辉、孙刚、张金鑫等同志参与了编写。南京师范大学曹凯同志参与了校译工作。江苏人民出版社的戴亦梁、陈颖、王溪，江苏科技出版社的窦肖康，江苏美术出版社的曲仕直，南京艺术学院的师悦等同志，承担了本书的编辑、校对、插图和装帧设计工作。在此一并表示衷心感谢！

本书作为《江苏省培育和践行社会主义核心价值观系列读本》中的家庭读本，供基层宣传部门和妇联组织开展社会主义核心价值观教育工作使用，也作为一本普及江苏传统家训文化的通俗读物供广大读者学习阅读。在编写本书过程中，我们参考和吸收了大量相关研究成果，限于篇幅，仅在参考文献中列出了主要著作文献，如有遗漏敬请海涵。众所周知，江苏历代家训浩如烟海、蔚为壮观，难以一一收录，本书只选编了有代表性的篇目，加之能力水平所限，如有不足之处，敬请各位专家和广大读者批评指正。

编　者

2016年1月